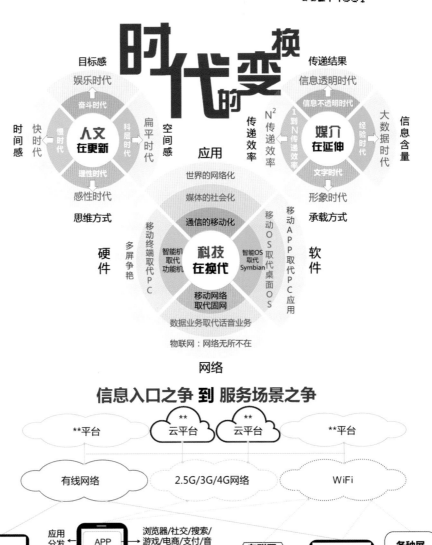

时代的变换

人文 在更新

目标感
娱乐时代
奋斗时代
慢时代
理性时代
感性时代

时间感 快时代

思维方式

空间感 扁平时代 科层时代

应用

世界的网络化
媒体的社会化
通信的移动化

科技 在换代

移动终端取代PC
智能机取代功能机
移动网络取代固网
智能OS取代Symbian
智能OS取代桌面OS
移动APP取代PC应用

数据业务取代话音业务
物联网：网络无所不在

多屏争艳

硬件

网络

软件

承载方式

传递结果
信息透明时代
信息不透明时代

媒介 在延伸

N^2传递效率
1到N传递效率
文字时代
形象时代

传递效率

大数据时代
经验时代

信息含量

信息入口之争 到 服务场景之争

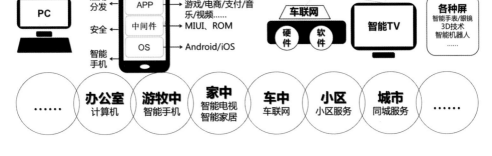

**平台　云平台　云平台　**平台

有线网络　2.5G/3G/4G网络　WiFi

PC

应用分发
安全
智能手机

APP
中间件
OS

浏览器/社交/搜索/游戏/电商/支付/音乐/视频……
MIUI、ROM
Android/iOS

车联网
硬件　软件

智能TV

各种屏
智能手表/眼镜
3D技术
智能机器人
……

……　办公室 计算机　游牧中 智能手机　家中 智能电视 智能家居　车中 车联网　小区 小区服务　城市 同城服务　……

THE TIMES CHANGE

Internet Building the New Big World

时代的变换

互联网构建新世界

徐昊 马斌 著

机械工业出版社

China Machine Press

图书在版编目（CIP）数据

时代的变换：互联网构建新世界/徐昊，马斌著．—北京：机械工业出版社，2014.11
（2015.1 重印）

ISBN 978-7-111-48571-1

I. 时…　II. ① 徐…　② 马…　III. 移动通信－互联网络－研究　IV. TN929.5

中国版本图书馆 CIP 数据核字（2014）第 262066 号

时代的变换：互联网构建新世界

出版发行：机械工业出版社（北京市西城区百万庄大街 22 号　邮政编码：100037）
责任编辑：孙海亮　　　　　　　　　　　　　责任校对：殷　虹
印　　刷：中国电影出版社印刷厂　　　　　　版　　次：2015 年 1 月第 1 版第 2 次印刷
开　　本：170mm×242mm　1/16　　　　　　印　　张：13（含 0.5 印张插页）
书　　号：ISBN 978-7-111-48571-1　　　　　定　　价：49.00 元

凡购本书，如有缺页、倒页、脱页，由本社发行部调换
客服热线：（010）88378991　88361066　　　投稿热线：（010）88379604
购书热线：（010）68326294　88379649　68995259　读者信箱：hzjsj@hzbook.com

推荐序

如果说互联网的出现就像蒸汽机和电的发明一样，已经彻底改变了原来的世界；那么移动互联网的出现则更像人类新的 DNA，将从本质上蜕变催生出一个新的世界。在我的理解中，有六个关键词在不断推动着这种变化。

第一个关键词：延伸。移动互联网的出现，让智能手机延伸了眼、耳、口等功能，成为人类新的器官。人类这种延伸自己的欲望与能力在不断提升，前不久召开的"2014 腾讯 WE 大会"中，出现了一些有意思的产品，比如仿生猫耳朵、仿生狗尾巴，它们已经能够传递人类的脑波与意识。

第二个关键词：连接。QQ 和微信不仅仅是一款成功的社交化产品，更是一个连接器——连接了人和人、设备和设备、服务和服务、人和设备、人和服务。这一切的连接，本质就是人和人的连接，因为设备无非是人类延伸的器官、服务无非是人类延伸的意识。如果说延伸增加了人类活动的长度，那么连接无疑加强了人类活动的广度与深度。人类信息的传播从 1 对 N 变成了 N 对 N，而微信是体现这种"N^2 传递效率"的社交产品。

第三个关键词：智能化。在移动互联网中，一切连接都是高度智能化的。智能化是人类智慧的外延。智能化未来的发展方向很多，比如深度学习、人机交互、空气触觉、脑机接口、生命基因、太空探测、生物感知、智能环境等等。人性才是智能化的最大入口，而它的出口则充满各种奇迹。我们要做的就是深入剖析人性并对其充满敬畏。

第四个关键词：创见。对移动互联网而言，预见性创新最重要的一点就是要清晰地认识到：新的人群出现了！90后、80后和前辈相比，不仅仅是简单的岁月变换，他们是移动互联网催生出的具有新基因、新人性的新人类，他们挤满了腾讯诸多产品的各个端口。幸运的是，我们深刻意识到了这种变化，对公司内部员工进行了更新换代，让同样的新人类占据了腾讯各个产品的入口。

第五个关键词：迁徙。对于移动互联网带来的变化，大家喜欢用"颠覆"这个词来形容，其实它更像一场大迁徙——从这个星球迁徙到另外一个星球！新的航海技术让哥伦布发现了新大陆，掀起了人类一次大迁徙的浪潮；而移动互联网的出现，则创建了一个新的数字星球，这将引起人类社会一次更伟大的迁徙之旅。

第六个关键词：灰度。如何在企业高速发展期继续保持创新活力？这是我们一直在思索的问题。在对腾讯内在转变和经验得失总结的基础上，我曾提出了"灰度7法则"——需求度、速度、灵活度、冗余度、开放协作度、创新度、进化度，其核心有三点：其一、容纳用户的任何细微的需求，保持更敏锐的触觉；其二、包容创新者的错误，建立创新机制并维护创新氛围；其三、拓展和合作伙伴的协作关系，在高速发展中我们不做封闭系统，而是要有意识地搭建共同进化的平台与生态系统。

《时代的变换：互联网构建新世界》一书最难得的地方是：选择了科技换代、媒介延伸、人文更新这三个维度，对中国移动互联网的发展进行了深入解读，系统地梳理了互联网行业技术在网络、硬件、软件和应用四个方面的演进，以及信息的承载方式、信息传递效率、信息含量和信息透明四个视角的变化，另外分析了年轻一代在思维方式、时间感、空间感、目标感四个维度上的不同。

这是一个有益的尝试，但仅仅是开始，因为科技的发展和对人的理解永无止境。

腾讯董事会主席兼CEO 马化腾

2014 年 11 月 19 日

前 言

科技、媒介与人文，三股巨流推动时代变换

"科技改变媒介，媒介更新人文"，是我们这个变换时代的主旋律。

法国古典作家拉罗什富科曾说，"不管人们怎样炫耀自己的伟大行动，它们经常只是机遇的产物，而非一个伟大意向的结果。"确实，很多伟大的成就不过是正好赶上了人类及事物发展和转化中的关键时刻罢了。

近几年比较流行的一句话更是通俗地说明了这个道理：台风来了，猪也会飞！在中国互联网行业，人们看着天上飞的那些"猪"（以阿里巴巴、腾讯、百度等为代表），充满了羡慕和嫉妒的感觉。

而移动互联网正是当下最大的台风口，越来越多的人开始关注和研究中国移动互联网的发展，各种视角、各种思维层出不穷。作为一名幸运的职场老兵，本人有幸成为中国移动互联网时代重大变换的亲历者。经历了工业时代的分工体制和移动互联网的扁平体制产生的冲击，我们只想根据切身经历从个人的角度出发，做一些有益的思考和探讨，以帮助传统行业的从业人员更好地理解移动互联网行业的人和事，以及这次时代变换带来的机遇与挑战。

时代的重大变换，往往是由革命性的技术引发的。在人类的发展过程中，农业革命、工业革命、信息化革命和网络革命，都是如此。其中，农业革命发端于几千年前，其推手是农耕技术；工业革命发端于数百年前，其推手是蒸汽机技术；信息化革命就发生在几十年前，其推手是计算机技术；而今天，我们正经历着第四次革命——网络革命，其推手则是网络连接技术，尤其是移动互联网技术。

　　一次又一次划时代的技术革新，使人们的肢体、视力、听力以及大脑等组织器官得以延伸，同时更新了人们获取信息和传播信息的媒介。信息承载方式从文字变成了形象，信息传递效率从 1 到 N 变成了 N^2，信息量从样本变成了大数据，信息传播结果从不透明变成了透明。

　　媒介的延伸改变了人们的生活习惯和思维理念，人文在更新——思维方式从理性变成感性，时间感从慢变成快，空间感从科层变成扁平，目标感从奋斗变成娱乐，他们用自己的方式正在构建新的数字世界，人类生活向数字世界全面迁徙是一个时代性的人类课题，同时也是一种不可阻止的人类命运。不论你是不是网民，不论你喜不喜欢互联网，你都在这场伟大的迁徙洪流中。这场前所未有的大迁徙已经无情地开始了……

　　时代正在变换，新的世界正在构建。先觉的人们从不同的视角描述着这次时代的变换：移动互联网时代、大数据时代、连接时代、扁平时代、粉丝经济时代、信息化时代、感性时代、娱乐时代……这次时代的变换太广、太大了，用"××时代"的形式根本无法详尽描述这个时代，这只能是一个变换的时代。

　　本书书名中的"时代的变换"就源于此。

　　在这个变换的时代里，不少传统企业患上了"互联网焦虑症"——甚至包括微软这样的高科技企业。即使是身处其中的移动互联网企业，也未必能把握住自己前进的方向，因为这次变换来势太强、速度太快，它已经超越人类积累的经验。

　　面对这个变换的时代，我们都是"摸象的盲人"，但不能让盲目和焦虑充斥我们的心胸。我们不妨做一名内心虔诚、感触灵敏、在大脑中构想大格局的"摸象人"。

　　作为变换时代中的人类，每个人都会感受到各种冲击。66 前成了数字世界的"难民"，66 后成了数字世界的"移民"，79 后虽然是数字世界的"原住民"，但他们依然可能"只缘身在此山中"，而"不识庐山真面目"。

每个人要问自己的是：大变换时代，我身处何方，我到哪里去？

我们迎来的其实是一个全新的数字星球。在这个新的世界里，传统企业和抱有传统思维的人，都必须从旧的经验中觉醒，重新定位自己，让自己跟上时代的变换，让自己成功"移民"到新的星球上去。

在觉醒和转变的过程中，最重要的是思维的转变，因此"互联网思维"在中国成为了一个极具热度的新名词。但这次时代的变换，不仅仅是互联网带来的技术上的颠覆，其本质是人的更新换代，准确地说它是思维的大变换。

对于中国互联网公司而言，已经完成了人的更新换代，在时代的变换中已经抢得了先机，正是这样的历史机遇，让中国有了与全球同台竞争的机会。从2014年9月30日的市价上看，在全球十大互联网公司中，中国的阿里巴巴、腾讯、百度、京东占据其中的四席。

对于我们每个人来说，这也是一次重新站到起跑线上的机会，时代变换赋予了我们更多的机遇！寻找风向，成了最重要的能力之一。

向数字星球的迁徙已经开始，看清方向、掌握地形正是本书想要告诉你的！

能有这次交流的机会，是我的荣幸，更是时代赋予你的机遇！

Let's go！

徐昊

2014 年 11 月 23 日

目录

下篇｜媒介更新人文

中国移动互联网大机遇

不管人们怎样炫耀自己的伟大行动，它们经常只是机遇的产物，而非一个伟大意向的结果。

——拉罗什富科（1613—？，法国作家），《箴言录选》

在剖析我们这个大时代的科技、媒介和人文的风云变幻之前，我们有必要先看看中国移动互联网发生了什么事情。正是因为对通信和移动互联网产业的关注，才引导我们进一步思考这个时代的更深层次的变化。所以，对移动互联网产业的考察是我们探寻时代课题的出发点。

如今，几乎人人都在谈"要把握市场脉搏"、"要把握经济脉搏"、"要把握时代脉搏"，那么，我们首先就要知道：什么是脉搏？脉搏的跳动有什么规律？只有这样，我们才能设法准确把握脉搏。

所谓大机遇，无非是看准了时代变换的趋势，提前准备并"顺水推舟"，与时代的波动共振、共鸣，一起律动。

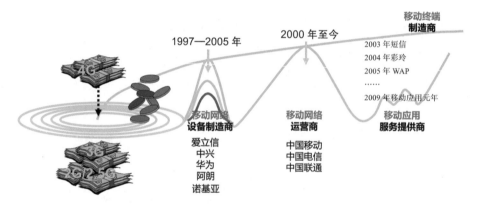

如上图所示，如果把中国移动互联网比作一潭深水，那么，中国对第2代（2G）、第2.5代（2.5G）移动网络的巨额投资就像是第一块投入水中的大石头，这块价值超过10000亿元人民币的巨大石头，激起了滔天的波浪，一层一层的，像跳动的脉搏，这个波浪就是中国移动互联网的产业链条，它的走势反映了行业的走向和趋势。

在中国的移动互联网产业链中，受惠的企业主要涉及移动网络设备制造商、移动网络运营商、移动应用服务提供商和移动终端制造商。得益于中国移动互联网的发展，这四大类企业在不同时期分享了中国移动互联网这块鲜美的大蛋糕。

第一波受益者：移动网络设备制造商

最早品尝到中国移动互联网这块蛋糕的是移动网络设备制造商。

在中国移动网络发展初期，运营商投入了大量的资金采购网络设备，从零开始建立中国的移动网络。遗憾的是，在当时受技术门槛限制，中国的移动网络市场这块蛋糕中最为肥美的部分只能被外国企业瓜分。

在这个阶段，中国第 1 代（1G）、第 2 代（2G）、第 2.5 代（2.5G）移动网络建设所需的设备主要由七大外企提供：摩托罗拉、朗讯、北电、爱立信、阿尔卡特、诺基亚、西门子。而今天，我们国人引以为傲的华为、中兴正在非洲市场上蹒跚学步。

摩托罗拉是外资通信行业开发中国大陆市场的先行者。20 世纪 80 年代，时任摩托罗拉 CEO 的 Bob Galvin 把握住了中国改革开放的机遇，在其努力下，摩托罗拉获得了在中国发展业务的许可，并承诺将培训中国的员工和国内供应商，为全球客户制造性能优良的产品。

随着摩托罗拉在华营销迅速打开局面，销售额一路攀升。从 1987 年在北京设立代表处，到 1988 年在中国推出全球第一款商用移动电话 Dyna TAC，再到摩托罗拉全面铺开在华网络，摩托罗拉在中国一度取得了骄人的业绩，在业绩表上拉出了一条完美的上升曲线。

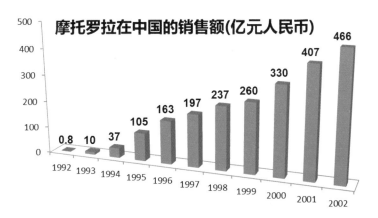

（资料来源：摩托罗拉传播公共事务部《摩托罗拉在中国》PPT 报告）

凭借着技术门槛和技术优势，这个时期的七大通信外企都有丰厚的业务利润，外企职员的待遇也较国内公司优越得多，工资基本是国内企业的 5 ~ 10 倍。丰厚的待遇、良好的工作环境吸引了一代大学生的目光。那些年，大学毕业生的第一选择就是外企，一直到 2005 年摩托罗拉都是大学生的最佳雇主。这一现象正是那个时代的见证。

随着中兴和华为的成长，七家通信行业外企的技术优势渐渐失去，技术门槛已无法阻挡中兴和华为的发展。在全球移动设备市场激烈竞争的压力下，七大外企不得不走上了合并求存的道路。

2006 年 6 月，诺基亚的网络部和西门子的网络部合并为诺基亚西门子有限公司，简称诺西。

2006 年 12 月 1 日，朗讯和阿尔卡特合并为阿尔卡特朗讯，简称阿朗。

2009 年 7 月 25 日，北电破产，部分资产被爱立信收购。

2010 年 7 月 19 日，诺西出资 12 亿美元收购摩托罗拉无线互联网设备资产。

今天，风云一时的七大跨国通信企业整合成了三家：爱立信、阿朗、诺基亚网络公司。然而，这种整合策略依然改变不了产业趋势的滚滚洪流。华为、中兴在全国市场份额逐渐增大。2013 年，华为实现全球销售收入 2390 亿元人民币，首次超越爱立信，一举成为全球最大的设备制造商。

华为的成功确实值得高兴！在这一领域，中国企业通过多年努力开拓，终于做到了第一。但对整个产业趋势有着全局观的人，会觉得华为的这种胜利可喜但不可贺，甚至对其充满忧虑——移动网络设备制造业已成为低利润的传统行业，虽然销售额巨大，但利润与摩托罗拉当年相比，已经不可同日而语了。

今天，移动网络设备制造业已经从暴利时代走向了薄利时代，台风已经彻底告别了这个行业。

第二波受益者：移动网络运营商

接下来受益的企业是谁？我们不妨先看一组数据：截至 2014 年 9 月 30 日，全球超过 1000 亿美元市值的公司共有 69 家，其中中国大陆有 8 家，它们是中国银行、中国工商银行、中国建设银行、中国农业银行、中国中石油、中国移动、腾讯和阿里巴巴。

过去乃至现在，兴起相对较晚的电信行业却是 21 世纪发展最迅速、吸金能力最强的行业。中国移动是中国最有"钱途"和前途的行业的代表。

1978 年中国拉开改革开放的大幕，随着改革开放的深入，中国开始调整经济政策，民众的积极性被广泛地调动起来，各种商品逐渐开始恢复生产，经济逐步恢复活力，原有的通信能力已经远远不能满足需要，中国通信业不得不寻求改变。1987 年，中国开始引入移动通信技术，邮电部大量引入当时最为先进的移动通信系统，努力提高中国通信网的技术层次和科技含量，开始在中国推广第一代（1G）移动电话技术，中国从此开始发展移动通信业务。

1994 年中国移动从中国电信中分拆出来时，没人会想到它会成为今天具有千亿美元市值的公司。期间，行业不断整合，分管机构从邮电部到信息产业部，再到工业和信息化部，竞争对手从中国电信、中国铁通、中国联通、中国卫通等到今天整合后的中国电信、中国联通，形成了三分天下的局面。

中国移动是电信行业发展的最大受益者，从中国移动 2006 年到 2013 年的营收与利润数据中就可知道这个行业的发展速度。

（资料来源：中国移动通信集团公司 2006 至 2014 年财务报表）

现在，移动网络运营商正加大第四代（4G）网络的市场推广，他们希望借助网络升级来改变利润下降的趋势。正是移动网络运营商的努力才建成中国今天的信息高速公路，但是，今天的移动网络运营商已经过了发展的最高峰。

第三波受益者：移动应用服务提供商

"三十年河东，三十年河西"这句话，在古代是用来比喻人事的盛衰兴替、变化无常的，但在今天的移动互联网时代，变换的速度已经十倍百倍提升。截至 2014 年 9 月 30 日，腾讯和阿里巴巴是中国大陆超过千亿美元市值的 8 家公司中的两家，它们正是第三波受益者的代表。

2001 年全球互联网泡沫破灭，中国的互联网公司也跌入低谷。2002 年 10 月，新浪、搜狐的股票每股只有 1.2 美元左右，但到了 2003 年 10 月，其股票每股都飙升至 40 美元左右。之所以发生这种神奇的变化，是因为这些互联网公司抓住了一个救命机遇：移动应用服务。

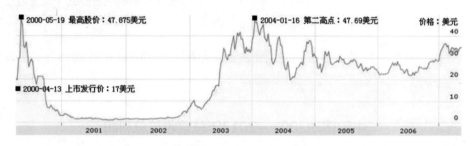

新浪 2000 年 4 月至 2006 年股价趋势图（资料来源：网易科技频道）

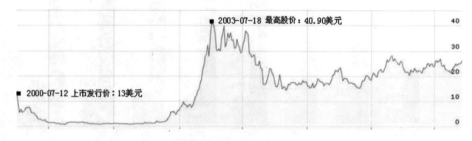

搜狐 2000 年 7 月至 2006 年股价趋势图（资料来源：网易科技频道）

2003 年，短信让移动应用服务提供商受益。

2003 年全年国内手机短信发送量超过 1500 亿条，由此产生的直接利润达 150 亿元。以当时中国 2 亿多的手机用户基数计算，平均每位用户一年发送近 1000 条短信。中国联通方面表示，部分手机用户的短信支出甚至超过了话音服务的支出，短信已成为移动通信运营商新的业务增长点。有数据显示，在庞大的短信流量中，20% 左右的短信来自各大网站，短信也对各门户网站实现盈利起到重要作用。

据了解，对于新浪、搜狐、网易这三大门户网站来说，短信业务收入占总收入的 30% 以上，而 TOM.COM 则成为国内第一家主要依靠电信增值业务获得盈利的门户网站。

2004 年，彩铃让移动应用服务提供商受益。中国移动 2004 年彩铃业务收入就达约 16 亿元人民币（仅凤凰传奇的一首《月亮之上》在 2006 年的下载量就达 7900 万次）。2004 年春节，人们除了像原来一样收发各种拜年祝福的短信之外，又多了一项趣味活动——下载各种彩铃。可下载的彩铃既有各种流行歌曲，也有很多搞笑的段子。那一年，炫耳的手机彩铃比春节的鞭炮还响亮。

2005 年，WAP[⊖]让移动应用服务提供商受益。时髦的 WAP 应用，尤其是中国移动的移动梦网 WAP 业务，与 2004 年相比增幅高达 120% 以上，业务收入增长高达 5 倍以上。移动应用服务提供商的盈利方式也从 SP 时代过渡到了 Free WAP[⊖]时代。

2006 年 7 月，中国移动开始加强对 SP 业务的监管，出台"11 条军规"，要求 SP 须启动用户对短信、彩信等订制的二次确认，SP 对信息费投诉必须在 48 小时内返还等。中国移动内部试点数据显示，进行"二次确认"后，SP 新增用户和新增信息费收入平均下降 70%~80%，总收入下降约 20%。这"11 条军规"整肃了这个行业的乱局，淘汰了超过半数的移动应用服务提供商。大浪淘沙之后，留下这个行业中真正提供服务的种子公司，这些公司在 2009 年重获行业发展第三次机遇：移动互联网时代的机遇。

⊖ WAP（Wireless Application Protocol），一种为了节省移动网络流量的类似 TCP/IP 的协议。

⊖ SP（Service Provider）是应用服务提供商提供业务，放在移动或者联通上推广，用户免费或者付费使用，应用服务提供商与运营商进行分成；Free WAP，就是免费的无线网站，人们用手机访问的除移动和联通之外的网站都算是 Free WAP。

2009 年是中国的 3G 元年[⊖]，这一年拉开了移动互联网时代的应用大幕。从 2009 年开始，智能手机逐渐成为一种数字化的万能神器，除了打电话、发短信外，还吸纳了照相、音乐、计时、阅读、游戏、支付、电商、视频、导航、字典、打车等功能与应用，它造就了移动应用服务提供商的三大巨头——腾讯、百度、阿里巴巴的帝国时代。

（资料来源：XUEQIU.COM（雪球网））

上图为腾讯股票，从 2004 年 6 月 16 日上市的 0.68 港币 / 股（由 3.375 港币一拆五换算后的值）到 2014 年 8 月 29 日的 134 港币 / 股的月 K 线图，10 年涨了 197 倍，这就是这个时代的发展见证。

移动互联网公司未来的利益空间我们无从设想，我们只知道：今天能把猪都吹上天的台风，正在光临这些互联网公司。

持续受益者：移动终端制造商

"我赚钱啦赚钱啦，我都不知道怎么去花，我左手买个诺基亚，右手买个摩托罗拉。我移动、联通、小灵通一天换一个电话号码……"2006 年有一首歌特别火，是一位名叫吾酷的网络歌手唱的《我赚钱了》。

虽然移动互联网的波浪此起彼伏，但一直都在"弄潮冲浪"的幸运儿还是存在的，它就是移动终端制造商。从上面这首歌里，我们可以深刻感受到那个时代移动终端制

⊖ 2009 年中国的 3G 网络牌照发放，3G 网络开始大规模建设。

造商的影响力，而影响力的结果便是其丰厚收益，只不过王者不断更替。

1973 年，美国著名的摩托罗拉公司工程技术员马丁·库帕"发明了世界上第一部民用手机，马丁·库帕因此成为现代"手机之父"。摩托罗拉从那时起，就已经抢占了移动终端制造的先机，成为第一代手机之王。

诺基亚当之无愧为第二代手机之王。从 1996 年开始，诺基亚的手机业务连续 15 年占据全球市场份额第一，公司利润屡创新高。2003 年，诺基亚经典机型 1100 在全球累计销售 2 亿台，在中国的销售更是一片大好。

第三代手机之王是苹果。自从 2007 年 iPhone 出现之后，诺基亚的利润很快从 35 亿美元降到 13 亿美元以下。2008 年，苹果毫不留情地击碎了诺基亚的神话。2012 年 8 月，苹果成为市值第一的上市公司，稳坐手机霸主的位置。当然，三星也占有重要地位，不过，划时代的产品只有苹果。

多年来，移动终端制造商更换的只是王者，这个行业却始终是受益者。

今天，移动终端、移动网络、移动应用构成的移动互联网行业，正在共同谱写着人类发展历史中前所未有的篇章，它们推动着产品对产品颠覆、行业对行业颠覆的量变事件，不断积累的量变正在形成质变：一种时代对时代的颠覆正在进行中……而推动这一切的力量中，最显著和显而易见的是科技的力量。

科技在换代

人类社会的风俗、习惯、宗教戒律、道德规范等归根到底都是作为对人的性本能的一种节制而产生的。

一切科学和文学艺术都是出于人的性本能冲动的"升华"。

——弗洛伊德（1856—1939，奥地利著名精神病医生、心理学家，

精神分析学的创始人）

每个时代的变换，我们都或大或小地听到"科技"这位急先锋的敲门声，声音由隐约可闻渐至轰鸣于耳。

科技的更新换代是推动时代进步的力量，每次时代变革，都是由科技的重大变革引发。关于科技变革的本源，著名心理学家弗洛伊德认为：受到约束的人的性本能，转向了科学，升化成了科技发展的推动力。

今天，人们的冲动和需求引发了快速更迭的科技变化，移动互联网替代互联网极大地改变了人们的生活方式。本篇将从网络、硬件、软件和应用四个视角总结分析这次技术换代的影响力。

网络技术的发展是互联网时代以及移动互联网时代的基础，有了网络，人们才能连接在一起，才能成为互相连通的节点；硬件和软件则是人们的操作终端，硬件和软件的发展与网络的发展相得益彰，相辅相成；最终，网络、硬件和软件都通过应用技术呈现在用户面前，带给用户不同的体验。

从信息化革命到今天，网络、硬件、软件和应用的更新均可划分为三次重要改变，这三次重要改变像是三波浪潮一样，相互冲击，最终形成一圈又一圈扩散的涟漪，科技即将在激荡扩散中完成变换。

第一章

网络的三波冲击

科技
在换代

移动网络
取代固网

数据业务取代话音业务

物联网：网络无所不在

网络

网络无形，却对现实生活造成了巨大冲击，企业首当其冲。

网络是信息传递的基础，物理网络[⊖]的发展也是互联网时代乃至移动互联网时代的基础。从固定电话网络建立开始，网络经历了巨大的变迁。

最初，纵横交错的有线通信网将人们连接起来，但是纵横交叉的通信线路却给人以被束缚的感觉，人们只能在固定的地方进行语音通话。随着网络的第一波冲击——移动网络的普及，我们可以随时随地保持通话并能够通过短信进行文字沟通。

但是人们并不满足于通话和文字传输——通话看不到表情，文字感觉不到语气，这样的不满足催生了网络的第二波冲击——数据业务取代了话音业务。当第三代（3G）、第四代（4G）网络时代到来之后，人与人沟通的内容形式发生了转变，图片表情传输和视频通话使人与人之间的交流更加生动。

不过，生动交流仍有局限性：无线网络的信号质量和费用仍是我们需要考虑的问题；我们仍需要为自己的通信设备寻找稳定的网络连接；网络还没有让我们无时无刻沉浸其中；此外，沟通只限于人与人之间，人和物、物与物之间的连接还太少。更便捷、更稳定、范围更广的网络仍是人们的迫切需求。

固网的束缚感带来移动网络的冲击，通信形式的枯燥引出数据流的生动，那么，我们有理由相信，现在面临的网络痛点将会带来新一波的网络冲击，那就是使"万物互联"的物联网带来的第三波冲击。

第一节 网络的第一波冲击：移动通信网络取代固定电话网

从有线到无线、从有形到无形，是互联网带来的一个巨大变化，其背后是对人性束缚的极大解放。

通信网的传输基础是四处延伸的电话线、网线和连接到我们电话和电脑上的接头。这些实物的电线组成的网络在连接这个世界的同时，也网住了这个世界，人们被纵横交错的线路束缚了。

能不能去掉线的束缚呢？随着人类对通信的需求越来越大，无线网络技术应运而

⊖ 把计算机或者手机等硬件介质连接起来组成的网络称为物理网络。

生，并很快取得了长足发展。

与有线网络相比，无线网络具有可移动、不受时间及空间的限制、不受线缆的限制、低成本、易安装等诸多优势。以前需要复杂的布线，而如今仅需要一台无线信号发射器；以前要依赖 PC，而如今可利用任何配有无线终端适配器的设备，人们在任何时间、任何地域、任何设备上都可以便捷地连接网络。无线网络技术的发展大大地推动了社会的进步，方便了人们的生活。

第一代（1G）移动网络是"大哥大"时代。那个时代一台大哥大电话大约 2 万元，话费一分钟 0.5 元，对当时全国人均月收入几十元钱的中国人来说太贵了！大哥大让我们开阔了视野，但这种移动通信设备属于奢侈品。所以，当初我们对移动通信网络的看法是：移动通信只不过是固定通信的一个补充。

网络的第一波冲击发生在第二代（2G）移动通信网络出现的时候。改革开放让一部分人先富了起来，手机价格也降低到了几千元，这时手机开始迅速普及，人们手里多了一部手机，这个改变是一个巨大的质变。

"移动通信只不过是固定通信的一个补充"这样的论调也渐渐开始消失了。

（资料来源：2014 年 10 月工信部统计报告）

据中国工信部统计，截至 2014 年 10 月，中国大陆每百人拥有 93.5 部手机，每百人拥有 18.6 部固定电话。如上图所示，两者的差距在继续扩大。

今天，人们手机通讯录中保存的都是手机号码，这也在一定程度上证明了移动通信网络已经取代固定电话网。

第二节　网络的第二波冲击：数据业务取代话音业务

很多人并不清楚，数据通信与话音通信有什么区别。其实用一句简单的话就可概括：话音是一种非动态分配，是在固定分配好的时隙、信道中传输，通常不会在传输过程中发生变化；而数据业务则不一样，其是一种动态的分配，对实时性要求非常严格，通常是在不定时隙用不定速率传输，会根据实际情况进行调整变化。

数据传输技术本身就是一种变化的技术！它的出现，掀起了一场轩然大波。比如，现在大红大紫的微信曾经在 2013 年闹过"收费风波"。

据财新网报道，2013 年 3 月 31 日，工信部部长苗圩在参加第二届"岭南论坛"时表示，微信有收费可能，但不会大幅度收费。这一事件引起了业界人士、互联网消费者以及微信运营商等各路人马发表意见，大部分是持质疑态度的。2013 年 4 月 23 日，工信部新闻发言人在国新办例行新闻发布会上表态：互联网和移动互联网等新业务是否收费，由市场决定，工信部将坚持"其经营者依据市场情况自主决定"的原则。而事实上，在接下来的时间里，直到今天，收费也没有真正发生。

微信收费的传言和风波其实与话音和数据业务的比例变化有关。

第二代（2G）网络时代的到来，让我们手里有了手机，可以随时随地与亲朋或者客户联系。这时候，我们的联系方式主要是打电话和发短信。当第三代（3G）网络时代来临时，网络连接速度更快，加上智能手机强大的功能，数据类应用开始逐渐取代话音类业务，人们幻想的事情慢慢变成了现实。

我们可以通过手机看带图片的网页、传微信、打游戏、看视频、听音乐、发语音留言……今天大家天天使用的这些功能都是数据业务，它正在取代话音业务成为主流应用。传统电信运营商最挣钱的两大业务——话音和短信受到了前所未有的威胁。惯性思维的逻辑，引发了前面提到的"收费风波"的讨论。

那么，业务演变的具体情况是怎么样的呢？

话音占比趋势性下降

手机的放置位置和使用频率，反映了手机重要性的变换。2009 年之前，人们拿出手机，最主要的目的就是打电话。除了打电话发短信之外，手机都放在兜里。近几年，似乎人人都成了手机控，只要一闲下来，就会情不自禁地将手机掏出来。公交车上、地铁里、饭店里、会议中、上课中，甚至是朋友聚餐或者睡觉之前，人们的注意力都被手机吸引了。现在，人们拿出手机并不仅仅是打电话，大多是通过社交软件聊天，或者看新闻、阅读电子书籍、玩游戏、看视频……

这种变化是由第三代（3G）移动网络带来的。移动通信运营商搭建了 3G 网络，移动终端制造商研发了智能手机，移动应用服务提供商提供了更多、更丰富的应用，这一切悄然间改变了人们的生活。人们拿出手机的时候，不再局限于打电话，图片、音乐、视频等数据应用流逐渐取代了话音。

如下图中国工信部的统计数据：三大运营商的话音业务收入占比，从 2010 年的 57.10% 下降到 2014 年 10 月的 42.10%。移动通信运营商话音业务收入占比下降的趋势非常明显。

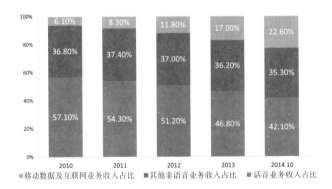

（资料来源：中国工信部）

截止到现在，中国电信业务中的话音业务收入占比仍在下降，但其依然是主要收入来源，仍旧能够达到 5000 亿人民币级别，电话通话仍旧是人们通信生活的重要组成部分。

第四代（4G）移动网络时代才刚刚开始，从技术的角度看，即使是话音业务也将通过数据交换的方式实现，目前正在演进中，最终有一天，网络上所有的业务都将是数据业务，话音服务只是一种数据业务。

短信业务断崖式下降

除夕夜晚一边看着春晚，一边编辑着祝福短信，有的人用群发，有的人一个一个地单独发。亲朋好友之间互相传送着写得较好的短信内容。发送时间也要选择，太早还没过年，太晚又怕 0 点时发送的人太多，短信到达时间延迟太晚。发送的人太多，第一次没发出去，再发一遍，这样的情况很常见，结果常出现一个人发送多遍短信的情况。一个除夕少则收到几十条，多则收到上百条这样的祝福短信。

这已经成为了人们最温暖的回忆之一。

事实上，编辑手机短信参与电视中的节目评选还是第二代（2G）网络时代电视观众与电视节目互动的主要方式。其中最火爆的堪称 2005 年的《超级女声》，发短信支持喜爱的明星，让她们一夜成名，这样的互动方式让《超级女声》成为了全民狂欢。

短信拜年是第二代（2G）网络时代的温馨，短信选秀则是那个时代的狂欢。现在，无论是那个时代的温馨、狂欢还是烦恼，都将离我们远去。2014 年人们过年发短信拜年的还是不少，但与以前已经无法相提并论，人们拜年的方式已转向了微信。

微信既可以传输文字、图片，也可以传输语音，还可以传递定制的视频。这样的拜年方式更加多彩、更加丰富，短信正逐渐被人们遗弃。

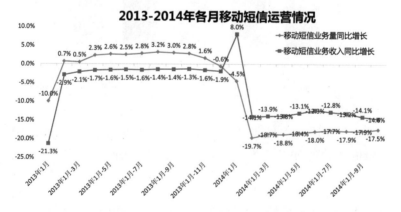

2013—2014 年各月移动短信业务量和移动短信收入同比增长情况（资料来源：中国工信部）

工信部 2013 年到 2014 年短信统计数据表明：移动短信业务量经过 2013 年的低速增长之后，到了 2014 年开始逐步下滑；2013 年移动短信业务收入一直在下滑，经过春节期间短暂"复活"之后，进入 2014 年持续下跌。

2014 年 1 ~ 9 月，全国移动短信业务量 5725.6 亿条，同比下降 17.9%。

其中，由移动用户主动发起的点对点短信量同比下降 19%，占移动短信业务量比重降至 47.9%，与上年年末相比下降 0.5 个百分点，这表明短信作为用户间沟通工具的作用进一步减弱。

月户均点对点短信量 38.2 条，同比减少 9.3 条。

移动短信业务收入同比下降 14.1%，收入减少 65 亿元，占电信业务收入的比重由上年同期的 5.4% 下降至 4.6%。

2014 年 1 ~ 9 月，全国彩信业务量 479.7 亿条，同比下降 29.8%，微信等新型即时消息类应用不断取代彩信业务。

月户均点对点彩信量只有 2 条。

经过前面的分析我们看到，移动运营商最挣钱的两件法宝（话音和短信）都在变弱，因此才有了 2013 年运营商该不该对微信收费的辩论。事实上，国外的 Line 和 Whatapp 都是免费的，网络发展的大势是谁也阻挡不了的。

相信随着网络技术的发展，人们习惯的转变，数据业务将会成为移动通信网络上唯一的一种形式，话音和短信将成为一种数据业务。

数据业务占统治地位

也许大家想象不到，上面微信对话框中的两个人是同一个公司的同事，而且他们仅隔了一张桌子！

伴随着数字设备成长起来的一代年轻人，更喜欢通过手机来交流，这也是微信的月活跃用户 4.38 亿，QQ 的月活跃用户 8.29 亿，QQ 同时在线的人数超过了 2 亿[⊖]的原因。

有一个特征越来越明显：发送消息的时候，要么是文字加图片、文字加表情，要么是语音，很少只发文字，因为这些表达方式传递的情感远远高于短信。

另外，相比于直接打电话，发送语音、表情和图片的时候，只需要耗费流量，在包月流量够用的情况下，这样显然是最经济的，这种经济高效令话音和短信没有一点竞争力。

人们不再需要通过麻烦且费用高的短信方式参与互动了，取而代之的是微博投票、微信投票，这些方式更加透明，更加方便，还能与喜爱的明星直接互动。总之，话音和短信的时代将要结束，而接替话音和短信的是图片、表情、视频等，我们称之为数据。

下图为 2014 年各月移动互联网接入流量和户均移动互联网流量详细数据。

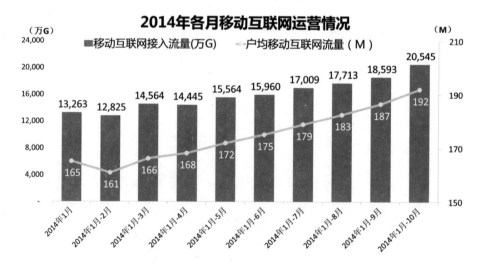

（资料来源：中国工信部）

⊖　数据来源于腾讯 2014 年第二季度财报。

数据业务正在把现实世界变成数字世界！

这个大趋势早有人预测到了，诺基亚－西门子网络/IBM 商业价值研究院的分析如下图所示。

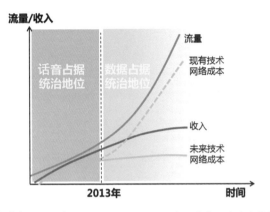

（资料来源：诺基亚－西门子网络/IBM 商业价值研究院分析）

在"话音业务占据统治地位"的时候，流量曲线与收入曲线几乎是呈线性增长。过去，中国移动的业务收入的确是这样的。但是这在 2013 年发生了转换，话音业务收入占比首次低于 50%，从 2010 年的 57.10% 降到 2014 年 9 月的 42.10%，因此从 2013 年开始进入了"数据业务占据统治地位"时期。

"数据业务占据统治地位"时期，运营商的流量会迅速增长，收入也会增长，但流量增长得更快，收入增长得较慢，这时会出现"增收不增利"的现象。

中国三大运营商的总营收与总利润的数据就是对这个现象的验证。

（资料来源：来自三大运营商 2008—2013 年财报）

数据业务取代话音业务已进入加速阶段，而话音业务转变为数据业务将会成为这一过程的最终结局——"不变"对"变"的归顺，因为"变"是这个时代永恒的旋律和不输的法则。

第三节　网络的第三波冲击：无所不在的物联网

变化又来了！但这次并不是简单的由第二代（2G）网络到第三代（3G）网络，再到第四代（4G）网络的线性变化。

第二代（2G）移动通信网络带来了网络的第一波冲击——移动通信网络取代固定电话网，第三代（3G）移动通信网络带来了网络的第二波冲击——数据取代话音。人们一定以为第四代（4G）移动通信网络的到来会带来网络的第三波冲击。

其实不然，第四代（4G）移动通信网络绝对无法形成移动网络的第三波冲击，因为第四代（4G）网络技术在用户感知上没有发生质变。

第一代（1G）移动通信网升级到第二代（2G）移动通信网时，从模拟制式变成了数字制式，在保证通话质量的同时，容量增长了一倍，技术是真正的质变，用户手中多了一部手机也是质变。因此这次变换带来了网络的第一波冲击：移动网络取代了固定网络。

第三代（3G）移动通信网络靠增加带宽的方式，把第二代（2G）移动通信网时，人们实际感知到的 20 ~ 60Kbps 数据传输速率提升到百 Kbps 数量级，这基本满足了绝大多数手机应用的传输需求，带来了网络的第二波冲击：数据取代了话音。

第四代（4G）移动通信网络还是用增加带宽的方式来提高传输速率，也就是使人们实际感知到的传输速率提升到 Mbps 数量级，每月的流量包提升到以 GB 为单位。数据的确变大了，但是人们使用的频率与强度也在增加，人们开始用手机看视频，1GB 的流量几小时就耗完了。除看视频快外，在体验上与第三代（3G）网络时代相比没有质的变化，所以第四代（4G）移动通信网络只是量变，不会带来网络的第三波冲击。

你是否有这样的经历：到月底一看只剩 10MB 流量了，还有 3 天才到下个月，再买多少流量包？这说明：今天的痛点依然是网络。我们还需要时刻去找网，时刻关心自己的手机流量是不是耗完了。这样的状态不改变，第三波冲击就不会到来。

最终我们要达到的效果是：网络真正普及和完善。我们无时无刻不在网络里，不需要去想网络这件事，无论什么时候，无论什么地点，都可以随时拿出手机做自己想要做的事情。

现在，我们的手机可以联网，电脑可以联网，但是汽车不能，冰箱不能，空调也不能。未来，网络不仅要无处不在，还要无所不包，我们日常使用的物品都要能够连接网络，这就是物联网。

国际电信联盟在 2005 年的互联网报告中，明确提出物联网（Internet of Things）概念，并描绘出未来无所不在的通信蓝图。经过多年的发展，全球物联网整体看来仍然处于起步阶段。国际上，发达国家一直将物联网作为重塑国际竞争力的重要手段，着眼于战略布局，大力推进物联网的发展。

物联网的核心是传感器，今天已经有很多的物联网产品了，但它们都是独立的，没有形成联网的效应。这并不是因为人类的技术达不到，而是因为标准无法统一，物联网的最大困难是所有设备联网的标准。必须有一个统一的标准，这样数据都连上去才能使用。如果各种产品的生产厂家各自为政，没有统一的联网口径，自然无法形成真正的物联。

那么，标准由谁来定呢？过去，全世界话语权、技术权都在美国人手里，这一次，英特尔和 LG、三星联手在做物联网联盟。

物联网标准制定的痛点其实是中国的机会。

中国经济学家林毅夫谈到关于标准的看法时说："标准很难说哪个好，但是在最尖端产品技术上的生产，规模越大，成本越低，在市场中越有竞争力，也就是这个标准有更大的市场规模来使用。生产成本大大降低，产品就有相当大的竞争力。当中国人均收入和美国相等时，中国的人口是美国 5 倍，所以中国的经济规模、市场规模是美国的 5 倍。现在日本跟美国竞争很吃亏，就是日本的市场规模是美国的一半，所以到最后美国定标准。日本也只好跟着美国标准，但将来，我们的市场规模是美国的 5 倍，我们定了标准，美国也必须跟着我们的标准。"

时代变换的脚步是绝不会停止的，网络的第三波冲击也必然会完成，物联网也一样，必然会有成型的一天。那么，怎样迅速确定一个标准？这是我们的企业最需要考虑的问题。谁抢先成为了行业的标准，谁也就掌握了物联网领域的主动权，谁就能够站在风口，一飞冲天。

第二章

硬件的三波冲击

硬件

多屏争艳

移动终端取代ＰＣ

智能机取代功能机

科技在换代

移动网络取代固网

数据业务取代话音业务

物联网：网络无所不在

网络

网络技术的更新或换代，必将驱动相关硬件的巨大更替。

我们每天在现实世界和数字世界之间穿梭，电话、电脑、手机、PAD 等通信设备像一座座桥梁一样架设起通路，为我们连接网络并使我们获得信息和服务。这些帮助我们连接网络的设备，其实就是广义上的硬件。

"硬件"一词最初被提及的时候，单指"计算机硬件"，由此可见硬件其实是计算机革命带来的。多数人熟悉"硬件"这个词，都是从组装台式电脑开始的。比如，一台电脑包含的硬件有 CPU、主板、显卡、硬盘、电源等。网络的发展和冲击，与硬件的发展是密切相关的：固定网络四通八达的时候，我们最常用的硬件是电话和电脑；移动网络搭建之后，我们最常用的硬件变成了手机和 PAD 等可携带设备；当物联网到来时，电视、冰箱或者汽车等都会包含与网络对接的硬件。

不过，硬件作为与人直接接触的端口，还需要满足人们的视觉需求和触觉需求等。在人们的苛刻要求下，硬件变得更加美观、简便、精细，使用体验一步步提升。相信随着尖端科技水平的进一步发展，越来越多的高端硬件产品会不断呈现出来，并会不断冲击我们的眼球。

第一节　硬件的第一波冲击：智能手机取代功能手机

今天，我们在公交车上、地铁里、饭店中，甚至是走在路上，都会看到许多人拿着各式各样的大屏智能手机，其中有的人在聊天、有的人在看视频、有的人在看电子书籍、有的人在听音乐、有的人在搜地图等，有时候还能看到漂亮女孩在不停地卖萌自拍。这时候，如果你还在用几年前流行的功能手机，你会不会不好意思拿出来呢？

手机在我们生活中的重要性越来越大，那是因为，它从一种功能设备已经转化为一种智能设备。智能手机已经成了宅男游戏利刃，女神自拍神器，大爷听戏工具，大妈跳广场舞的扩音器……只有通讯功能的手机越来越少了。

随着智能手机技术越来越成熟，价格越来越低，各阶层对智能手机的需求挖掘不断加深，加上第三代（3G）、第四代（4G）高速移动网络的普及，智能手机在手机市场上的份额越来越大了。

市场研究机构 IDC 2014 年第三季度全球智能手机销售市场份额统计数据显示，销售排行前 5 名的是三星、苹果、小米、联想、LG。三星占 23.80%。苹果占 12.00%，小米占 5.30%，联想占 5.20%，LG 占 5.10%，其他占 48.60%。曾经的几大掌门，诺基亚、摩托罗拉、HTC，都包括在了其他里面，风光不再了。

手机市场虽然看上去是百花争艳，实际上却是双雄争霸。

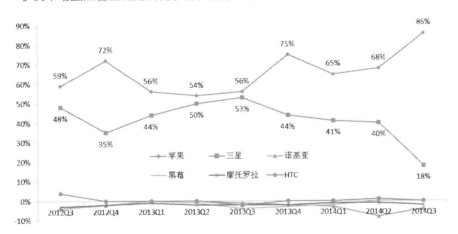

2012Q3 至 2014Q3 六大手机厂商利润率变化示意图（资料来源：Canaccord Genuity 统计）

从上面这张统计图来看（不包括中国手机厂商数据），手机行业的竞争是很惨烈的。2014 年第三季度苹果拿走了全球手机市场运营利润的 86%，三星拿走了全球手机市场运营利润的 18%。苹果和三星所获得的利润之和达到 104%，超过了 100%，这是怎么回事？答案是其他手机厂商亏损了 4%。

这样看来，曾经的巨头诺基亚和摩托罗拉并没有优势，这就是手机江湖，不讲过去，只论现在。

另外，手机厂商除了要跟竞争对手一较高下之外，更要与残酷的摩尔定律[⊖]竞争。

虽然有点令人难以置信，但近几十年来 IT 行业的发展始终遵循着摩尔定律预测的速度。除了内存条等元件之外，CPU、存储卡、屏幕等也遵循摩尔定律。不过，在手机上屏幕并不是只往大的方向做，而是可以向弯曲屏幕的方向发展。三星就在 2012 年发布了一款拥有弯曲屏幕的概念机，让人眼前一亮。

三星的曲面屏手机

未来智能手机性能会越来越高，功耗越来越低，而且极有可能价格也会越来越低，当然，对手之间的厮杀也越来越激烈。

透过表面看本质，手机大战其实是芯片之争，这场战争主要发生在英特尔和 ARM 两位巨头之间。

在 PC 时代，处理器的王者是英特尔，有人把硬件方面的英特尔和软件方面的微软称为 PC 时代的"绝世双雄"。据媒体报道，英特尔 1994 年曾在全球微型计算机处理器市场上达到 74% 的市场份额。达到这样的市场份额之后，英特尔必须寻找新的增长点，所以 2000 年英特尔想到了向智能芯片方向发展，并于当年推出了自己的智

⊖ 摩尔定律: 每 18 个月，计算机等 IT 产品的性能会翻一番，或者说，相同性能的计算机等 IT 产品，每 18 个月价格就会降一半。

能手机芯片。

但高手也有犯错的时候，而且一旦犯错几乎就是致命的。由于当时智能手机市场份额较小，对比 PC 处理器市场很难盈利，所以英特尔后来继任的 CEO 欧德宁上台第二年（2006 年）就作价 6 亿美元把自己打造了十年的 XScale 手机芯片部门出售给 Marvell，淡出手机芯片市场。这一举动给了 ARM 大好时机。

几番厮杀之后，专注于修炼智能芯片设计的 ARM 大获全胜，在移动互联网时代称霸智能移动终端芯片市场。ARM 的商业模式是通过授权的方式，把 CPU 设计提供给各个半导体公司，由后者集成到它们的芯片中。这些芯片都称为基于 ARM 设计的。ARM 授权的公司大部分赫赫有名：高通、联发科、三星、德州仪器、飞思卡尔……

到 2005 年，全球 98% 以上智能手机的处理器芯片都是基于 ARM 设计的。ARM 正式在江湖上扬名立万，就连英特尔也要获得 ARM 的授权。

英特尔自然不愿意轻易服输，而且已经认识到移动芯片的重要性。2012 年英特尔奋起直追，宣布和摩托罗拉及 Google 合作，力图把它为上网本设计的 Atom 处理器用在手机上，在市场营销上甚至走平民化路线，把赌注压在了深圳白牌电子产品上，希望中国市场能助其一臂之力，重整江山。但它能否东山再起，要看深圳厂家们给不给力了。

在这次移动互联网大潮中，移动终端行业一直在受益，只是王者不断地更替，过去如此，现在如此，未来依然会继续上演"王者更替"！

第二节　硬件的第二波冲击：移动终端取代个人计算机

一切不动的物件，都将成为被取代甚至摧毁的对象！我们家里或公司里桌子上那台笨重的个人计算机，在短短数年间，已经从极大丰富我们生活的造福者变成束缚我们生活步伐的拖后腿者。

今天，当我们在电商平台上浏览商务挎包的时候，会发现这样一个现象，为了说明挎包的大小和容量，挎包旁边往往会放一个 PAD 的图片进行对比，或者直接放上 PAD 放在挎包中的图片。PAD 已经成为其他商品示意图中的参照物了。

确实，现在虽然多数与互联网相关的公司都会为每个员工配备电脑，但很多员工每天都会抱着 PAD 去上班。PAD 携带方便，也可以适当办公，最重要的是 PAD 相比电脑是完全属于自己的私人领地，不需要太多共享。此外，用 PAD 的话还可以趁老板不注意的时候玩玩游戏。现在很多人在拥有电脑的同时，往往还有一台 PAD。

PAD 的兴起时间其实并不长，2002 年微软总裁比尔·盖茨向全球演示了首款平板电脑，随后微软又于 2005 年推出了首款支持触控操作的平板 Windows 操作系统，但是，这些产品并没有被大众所认可。2010 年苹果推出极具人气的 iPad 触摸型平板电脑之后，PAD 才真正被人们所熟知。

PAD 对 PC 产业具有颠覆性，随着 PAD 的销量不断增加，PC 市场的增长越来越缓慢，这使得一些计算机公司（比如戴尔和惠普）不得不开始注重 PAD。从功能上来说，PAD 尚不能完全取代 PC，比如在办公及大数据处理方面，PC 的优势还是不可代替的。但是我们也不能不看到 PAD 的强大之处，在用户体验方面 PC 是完全无法和 PAD 相比的。

你让小朋友去玩电脑、玩台式机，他不一定愿意去玩，因为操作键盘对他来说太难了！你让他去玩 PAD，他一定很高兴，因为这很容易操作，只要用手划来划去就可以，并且可以边玩 PAD 边跑来跑去。

你工作了一天，感觉很累，但是还不想睡那么早。你躺在床上想了解一些信息，是不会站起来去打开已面对了一天的 PC 的，而是会慢慢地翻看 PAD。

PAD 作为移动终端，人们可以通过语音、键盘或者触屏操控，几乎可以用尽所有感官。另外，PAD 更带有个人属性，更加隐私。而且 PAD 消除了以前使用 PC 时带来的限制，人们可以边走路边收发邮件或者看视频，人机交互更为充分。PAD 的分辨率普遍很高，娱乐功能更强。

由于 PAD 的冲击，PC 已经开始降价了，体验上打不赢的时候，就打价格战。但是随着一些大牌厂商的加入，PAD 价格也越来越低，事实上一些中低端 PAD 已经很便宜了。随着技术的继续发展，PAD 在价格上包括功能上超越 PC 是完全可以做到的。

虽然 PAD 是为娱乐而生的，但是 PAD 不会放弃商用市场。商用 PAD 在所有平板电脑产品中的比重将会越来越大——据 IDC 数据统计和预测：2013 年商务平板占整体平板市场的份额为 11%，而 2018 年之后该份额有望达 18%。

"目前已有许多平板产品进入教育市场，并将继续向全球范围内的大、中、小型商务企业渗透，还会有一些专门针对某个商务领域推出的平板电脑设备。"IDC 表示。

如何使 PAD 办公能力更为强大、大数据处理更得心应手，则需要厂商付出更大的努力。相信随着互联网技术的发展，在不久的将来，轻便时尚、体验极佳、人机充分交互的 PAD 完全有可能取代 PC。

第三节 硬件的第三波冲击：多屏争艳

仅仅能够移动的设备，还远远不能满足我们日益膨胀的需求和欲望，我们想要的是瞬息万变，是一念千山与万水的自在。

试想一下，有一天你看看手表就可以知道最近几天天气如何，气温高低；眨眨眼睛就可以把国外报纸随时翻译成中文；在大街上稍做停留，就知道哪家商场评价较高，哪家商场正在打折；坐在车里就能知道前面几十公里处的路况信息……这样的情景多么美好啊！

事实上，这正是移动互联网发展的趋势。硬件的第三波冲击来自于多屏争艳。在这个智能互联的时代，如果你不是对技术产品过敏或者对各种数字化反感的人，一定会向往这样的生活。可穿戴设备、智能电器、车联网、人工智能，以及新材料的发现可能会帮助我们成为"超人"。

智能可穿戴设备

智能可穿戴设备是像衣服和首饰一样，可以持续地穿在身上，具备先进的电路系统、无线联网及独立处理能力的终端设备。其最重要的两个特点是可长期穿戴和智能化，这得益于低功耗运算、康宁玻璃、柔性屏、体感、触摸等新技术的逐渐成熟。

我们将迈向科技与人更充分交互的社会。谷歌、苹果、三星、微软等诸多科技公司已经涉足这个领域，也将推动智能可穿戴设备的发展。

目前市场上已经有了很多可穿戴设备，许多概念性的东西已经做出来，并且进入了商用化。在市场上最常见的是苹果 Watch 、摩托 360 的智能手表、谷歌眼镜、智能手环、戒指、智能鞋垫……

苹果 Watch 的手表背面有很多传感器，是一款全方位的健康和运动追踪设备。当你抬起手臂的时候，手表就会自动点亮屏幕，可以监测心率，支持 Siri 语音助手、天气界面、跑步追踪、来电应答、录音等，并且支持无线充电，这就解决了待机时间的问题。试想一下，以后我们戴着手表就可以知道天气和自己的锻炼情况，甚至可以利用手表做锻炼计划，是不是方便了许多？

眼镜是可穿戴设备的另一大热门。谷歌眼镜是可穿戴设备中最出名的一个。这一

定是在一个特定场景下使用才有意义。谷歌眼镜2014年1月在NBA做了一次转播之后，大多数人就明白了。在那之后，一部分球员教练和场上队员开始戴上谷歌眼镜来工作。

假如说裁判戴上了这种眼镜，我们有可能会发现：总说裁判吹黑哨，实际上裁判站的角度的的确确完全看不到，毕竟裁判的眼睛不能转到脑后。

假如科比戴上这个眼镜，我们就可以通过科比的视角来看看他是怎么拿下56分的比赛的，怎么扣篮的，怎么突破的，那该是一种多么令人热血沸腾的场景啊！

不过，科比的视角要花钱买，这样，谷歌眼镜的商业模式就产生了。

由此可见，在可穿戴设备领域，产品一定要放在具体场景中才有意义，场景化是未来可穿戴设备发展的方向。

另一个时髦的眼镜是沉浸式眼镜。Facebook收购的Oculus眼镜，即沉浸式眼镜，也就是让用户沉浸其中的眼镜。沉浸式眼镜的应用场景是一些游戏和培训。戴上眼镜，玩游戏或看教学视频会有很惊艳的效果。

未来，在生物科技足够发达的情况下，有些智能设备会植入我们的身体，或者我们的身体本身可以作为智能设备的一部分。

2004年微软申请了一个专利，用皮肤充当能量的管道和数据总线。这意味着未来我们用手触摸两个设备，两个设备就可以完成数据交换。我们的身体会和某种材料或者智能设备结合起来，这样的话，每个人都可以成为"超人"。

智能电器

未来的一天，你刚到公司坐下，猛然想起家里电视忘关了，或者是冰箱门还开着，你一定不用像现在一样打车赶回家去，而是通过手机或是其他设备远程控制，或者电视或冰箱会感觉到自己不需要运转了，而自动进入合适的模式。

未来你可以和家电们交流，可以对它们说话，它们能够识别你的声音。它们甚至会提醒你：离电视太近了可能会影响视力；天凉了要不要增加点温度；你的食物已经煮好，可以用餐了……

你可能觉得不可思议，但这确实是智能电器发展的方向之一。

伴随着移动互联网和物联网的迅速发展，传统行业将有条件也有动力向智能化加速迈进。

据报道，2014年6月初，苹果发布了智能家居平台HomeKit，宣布进入智能家电领域，内地的家电企业青岛海尔成为HomeKit平台在中国唯一的大型合作伙伴。

远程遥控、语音识别管理、物联网、自动环境监测和调节等先进技术正被运用到空调、冰箱、洗衣机甚至厨电产品中去。智能家电更安全、更时尚、更省时、更加人性化和智能化，已经越来越被人们认可。

更富有性价比的智能家电正在逐渐改变人们的消费习惯，智能家电已成为家电消费需求的主流趋势。在买家电时，我们很可能会问："是智能的吗？"

车联网

现在的汽车越来越趋向智能化。OBD（车载诊断系统）、ABS（防抱死制动系统）、制动力分配（EBD/CBC）、刹车辅助（EBA/BAS/BA）、牵引力控制（ASR/TCS/TRC）、车身稳定控制（ESP/DSC/VSC）、ITS（智能交通系统）、CAN（控制器局域网络）、RFID（射频识别）……这些词已经让车成为了一个电子系统，再多出一个屏幕，汽车就可以成为一个新信息入口了，进而成为移动互联中的终端之一。事实上，车联网系统可以分为三大部分：车载终端、云计算处理平台、数据分析平台，可以通过在车辆仪表台安装车载终端设备，实现对车辆所有工作情况和静、动态信息的采集、存储并发送。驾驶员在操作车辆运行过程中，产生的车辆数据不断回发到后台数据库，形成海量数据，由云计算平台进行分析。

汽车本来就是为移动而生的，所以一些应用可能更适合装在车上，比如说查地图、听音乐、找美食……车的移动性和稳定性与许多应用程序的特点是十分吻合的。

中国是一个人口大国，也是一个汽车大国。在中国，车辆和驾驶人保持快速增长，至2013年年底，全国机动车数量突破2.5亿辆，机动车驾驶人近2.8亿人。在全国各大中小城市中，有31个城市的汽车数量超过100万辆，其中天津、成都、深圳、上海、广州、苏州、杭州等城市汽车数量超过200万辆，而北京汽车数量超过500万辆。

这么多人、这么多车、这么长时间待在车里，如果车内互联及应用能够很好地发展起来，那将是一个很好的信息入口。

车能够连上网，车和车能够互联起来，车联网就初步形成了。在世界级车展之一的巴黎车展上，某大型跨国咨询公司发布了一份调查报告，报告显示，目前俄罗斯、中国、西欧和北美等国家和地区70%以上的新组装车辆都已配备互联网接口；调查报告还预测，未来互联网汽车可以使人们在车载网络系统上进行电子购物、下载音乐、获取资讯，车与车之间、车与基础设施之间将能够相互通信和相互感知。

这是一块大市场，各路豪侠不会不闻不问。其中，腾讯跟车联网相关的布局确实日渐缜密。2014年5月，地图服务商四维图新宣布腾讯将以11.73亿元收购其11.28%的股份。与此差不多的时间，腾讯在GMIC大会上发布了车联网领域第一款智能硬件——路宝盒子，并以1元钱的价格进行预约。这款OBD盒子，发出了腾讯正式进入车联网的讯息。而在之前的 4 月 21 日，百度推出了一款名为 CarNet 的车联网智能硬件。7 月 4 日，高德也发布了名为高德地图小蜜的首款智能硬件产品，这款产品具有导航、路况播报等功能，号称"方向盘上的神奇"。而在高德背后，阿里巴巴的身影亦无法忽视。这么说来，在车联网领域，BAT 悉数就位。

此外，自动驾驶汽车基础技术的发展也非常引人注目。它在 20 世纪已经有数十年的历史，不过，由于基础技术以及网络技术不到位，直到近几年才呈现出接近实用化的态势。2012 年 5 月，谷歌自动驾驶汽车获得了美国首个自动驾驶车辆许可证，预计会在 2015 年至 2017 年进入市场销售。

有一天当所有的汽车都连上互联网，人们就可以根据需求，通过大数据计算排好路线，再加上人工智能、视觉计算、雷达、监控装置和全球定位系统的完善，对突发状况有所应答。所有的车将不再有司机，不会再有交通事故。你甚至可以让它替你到千里之外送一趟东西。随着车联网与汽车基础技术的共同进步，电脑将会替代人类自动安全地操作机动车，汽车自动驾驶的时代终将会来临。

未来的硬件材料：石墨烯

世间万物，有无相生。新材料的出现能为技术的变化带来巨大促进作用，石墨烯就是带来这种可能性的材料。

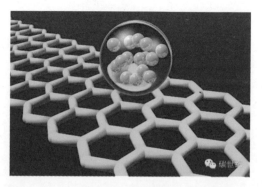

2004 年，英国曼彻斯特大学的两位科学家安德烈·海姆与康斯坦丁·诺沃肖洛夫从石墨中提取出石墨烯，人们很快认识到它的优点。2010 年，两位科学家因此获得诺贝尔物理学奖。材料科学的革新带来世界本身的颠覆性变化，石墨烯就是这种革新的材料，它必将在信息化时代改变我们的生活。

这种材料十分神奇，它将透明、导电融为一体，并且它很稳定，不会轻易被分解。它的硬度是钢铁的 200 倍，可以薄到只剩一层碳原子。这是什么概念？1 克的石墨烯可以覆盖一个足球场！它的柔性也很强，下拉 20% 之后依然可以导电。还有什么东西可以拉 20%？只有橡皮筋，但橡皮筋既不导电，也不透明。而石墨烯最大的优势是其基础材料石墨便宜，劣势是加工工艺和量产成本高。

不过，随着批量化生产和大尺寸等难题的突破，石墨烯产业化应用的步伐正在加快，根据现阶段的研究成果，石墨烯最早投入应用的领域应该会是移动设备、航空航天、新能源电池。

首先是移动设备领域，我们已经通过消费电子展上的可弯曲屏幕初步看到了移动设备屏的发展趋势，那么，适合作为柔性屏材料的石墨烯前景也被看好。有数据显示，2013 年全球手机触摸屏的需求量大概在 9.65 亿片。到 2015 年，平板电脑对大尺寸触摸屏的需求也将达到 2.3 亿片，强劲的需求为石墨烯提供了广阔的市场。

其次，由于石墨烯导电性高、强度大、超轻薄，其在航天军工领域有很大的应用优势，美国 NASA 已经开发出应用于航天领域的石墨烯传感器。石墨烯传感器对地球高空大气层的微量元素、航天器上的结构性缺陷等方面的检测具有明显优势。除了传感器，石墨烯是制造超轻型飞机的良好材料。

最后，新能源电池也是石墨烯最重要的发展前景之一。事实上，新能源电池是石墨烯最早投入商用的一大领域。石墨烯超级电池容量非常大，充电时间很短，这样的良好性能能够解决新能源汽车电池的容量不足以及充电时间长的问题，为新能源汽车的推广铺平了道路。

总体而言，石墨烯的前景被大多数人看好。它的出现是一项重大的技术突破，为下一代电子和光电器件找到了大规模、低成本工业化生产的可能方式。

智能时代

1996 年"深蓝"计算机战胜世界顶级国际象棋大师卡斯帕罗夫，吸引了世人的注意力，自此，人工智能的每一步重要成就都格外引人关注。人工智能的理论和技术日益成熟，应用领域也不断扩大。

据日本媒体报道，2014 年 11 月 3 日，日本国立情报学研究所等机构研究开发的一套人工智能系统参加了日本全国性模拟高考，结果，这一人工智能系统考了 386 分，这样的分数可以考上日本 80% 的私立大学。这则新闻出来之后，我国一些网友调侃："机器人都能考上大学了，你还不努力吗？"

但是，人工智能带给人们的惊喜仍旧是有限的。"深蓝"虽然在下棋方面性能卓越，但是无法思考其他领域的事情。参加考试的机器人虽然能够解答出一些常规问题，但是无法像人类一样利用图表获得直观理解。

人们虽然获得了人工智能带来的诸多便利，却仍旧不满足，相比于好莱坞科幻电影中的人工智能，现在的人工智能还是太简单。

不过，我们所处的这个时代恰好能够给予人工智能技术一些支持。人工智能研究包括机器人、语音识别、图像识别、自然语言处理和专家系统等，这些方面的研究不仅需要基础技术的进步，还需要海量数据的支持，没有足够的数据分析，人工智能系统就无法像人脑一样处理问题。互联网时代的到来带来了信息大爆炸，人工智能系统有了可靠的大数据支持，在海量数据的支持下，人工智能系统仿佛拥有了人的经验和阅历，可以更加接近人的思考特征。

微软 Bing 搜索中国团队在 2014 年 5 月 29 日发布的一款智能聊天机器人——"微软小冰"，就结合了中国几亿网民多年来积累的所有公开数据，微软的智能聊天系统通过对这些数据的分析，提炼出来 1500 万条真实而有趣的语料库（语料库不断更新中，每天增加 0.7%），相比于以前的人机问答，"小冰"的回答更加符合人的说话习惯，因此得到了网民们的喜爱。"小冰"在微信和微博平台上创造了 6 亿次对话的惊人纪录。

智能时代，就是将移动互联网与物联网的传感器结合起来。最终智能化时代来临，人和人、人和物、物和物全部被智能地连接起来。

今天，谷歌大脑、百度大脑、智能纹身、可与医生对话的网络药丸、治愈芯片、超级性爱机器人、脑机界面、可溶性生物电池、智能尘埃、自我验证……这些研究或已实现的智能技术，把我们一步一步地带入智能时代。相信随着物联网时代的进一步加深，人工智能将会带给我们更多的惊人改变。

　　用户端硬件设备在短短几年内就发生了很大改变。随着传统的功能机巨头诺基亚的消亡以及苹果、三星等智能手机厂商的崛起，硬件的第一波冲击已经完成。与此同时，移动终端则不断冲击个人计算机终端，我们现在正处在移动终端和个人计算机并存的时代，硬件的第二波冲击正在进行。以可穿戴设备、智能电器以及车联网等技术为代表的多屏时代已经初见端倪，这也是未来几年硬件设备的发展趋势，硬件的第三波冲击马上就要来临了。未来，硬件终端会不断带给我们惊喜，外观更亮丽、携带更方便、性能更卓越以及体验更舒适的硬件设备会层出不穷。

　　硬件设备的更新发展是与网络基础技术共同进行的，是与硬件冲击波同时进行的，当然还有用户端软件的更新进步。

第三章

软件的三波冲击

硬件

多屏争艳

移动终端取代PC

智能机取代功能机

科技在换代

智能OS取代Symbian

移动OS取代桌面OS

移动APP取代PC应用

软件

移动网络取代固网

数据业务取代话音业务

物联网：网络无所不在

网络

任何无形的变化，皆有有形的载体；任何有形的载体，又能促进无形的变化。这是一种虚与实、软与硬的纠缠、催化与互生。

硬件的冲击是我们能用眼睛看得到，用手摸得着的，比如智能手机、PAD、可穿戴设备等，软件却是这些硬件的灵魂。哪家企业的手机操作系统更受欢迎？多少移动应用程序可以取代 PC 软件？应用软件是不是越更新就越好？这些话题都与软件有关。

一提到 PC 软件，你会想到哪家公司？没错，大家可能首先就会想到微软，它几乎成了 PC 软件的代名词，它引领世界软件发展的方向，占据了 PC 时代个人电脑操作系统以及办公软件的大部分市场，威名显赫。但是，随着移动互联网的发展，现在人们更多地在谈论 Android、iOS 等相关软件、应用，开始越来越习惯于通过移动互联网终端接触各种信息，甚至部分工作在 PAD 或手机上完成。

所以，未来移动终端上的软件将会扮演越来越重要的角色。

第一节　软件的第一波冲击：Android/iOS 取代 Symbian

移动互联网的浪潮在软件领域再次上演了"王者更替"的故事。

诺基亚用塞班（Symbian）建立起来功能机时代的生态系统，使其弯道超车成功，超越摩托罗拉，成为第二代手机之王。

从 1996 年开始，诺基亚手机连续 15 年占据手机市场份额第一的位置，在诺基亚最巅峰的 1999 年，公司市值超过 2700 亿美元，2004 年诺基亚收购了 Symbian 创始者 Psion 公司 Symbian 的所有股份。诺基亚凭借当时十分出色的 Symbian 系统，统治了新兴的智能手机市场。

在以话音服务为主、应用为辅的时代，Symbian 在人性化和易用性上都符合人们的需求，一度占据了手机操作系统市场的 70% 以上。Symbian 的特点是功耗低，内存占用少。

人们的通信需求逐渐从"话音为主"转向"数据为主"，苹果敏锐地捕捉到了这个先机。2007 年 1 月，苹果公司正式公布了旗下智能手机 iPhone，新的智能手机市场格局由此发生改变。2008 年，谷歌公司发布了旗下智能手机操作系统 Android。

Android 是一种更开放的操作系统平台，这拉开了另一轮革新。以应用操作为主、话音服务为辅的 iOS 和 Android 系统很快得到了人们的广泛认可，曾经的王者——Symbian 系统在很短的时间内就成为了竞争的失败者，渐渐淡出了人们的视野。

其实微软比苹果更早意识到了这个机遇，从 Windows CE 到 Windows Mobile，再到 Windows Phone，还有现在的 Windows 8，微软始终没有明白移动用户与桌面用户的区别，起了个大早却赶了个晚集。微软在移动端虽不离不弃，但无所建树。

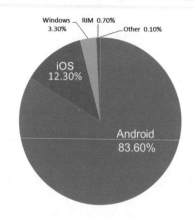

IDC 2014 年第三季度全球手机操作系统销售占比

当今社会，由于移动互联网的快速发展，人们对手机等消费品的价值观也随之发生改变。手机的功能不再是通信，消费者对其寄托了更多人性化的期望，谁最先捕捉到、把握住消费者的这一需求，谁便是真正的赢家。Symbian 系统的退场，正是这一竞争规则的有力证明。

商业如戏，其兴也勃焉，其亡也忽焉。Android/iOS 取代了 Symbian，Windows Phone 在这个时代也已经边缘化了。

第二节　软件的第二波冲击：移动操作系统取代桌面操作系统

2014 年 9 月，最近一期福布斯全球富豪榜全新出炉，其中比尔·盖茨以 810 亿美元的财富位居榜首，这再一次勾起了人们对微软的关注。毫无疑问，微软的实力还在，微软利用几十年的时间在桌面上打造出的 Windows 生态让这个巨人始终站在顶端。

然而，智能手机、平板电脑的风靡，一方面影响了传统计算机的硬件销售，另一方面在系统层面也给桌面系统带来了一些冲击。在移动互联网、云计算、物联网等新技术的推动下，传统行业与互联网的融合正在呈现出新的特点，平台和模式都发生了改变。PC 不再是唯一能够联网的工具，未来 PC 只是互联网的终端之一。移动带宽迅速提升，更多的传感设备、移动终端会随时随地接入网络。Android/iOS 的快速发展，海量应用的产生，使人们对 Windows 的依赖度越来越低。在电脑上能做的事，在手机、PAD 上也可以做。甚至有人认为：PAD 已经具有 PC 90% 的功能。

移动操作系统所搭载的硬件因其更便携、更人性化，故更符合未来发展的趋势。

在工作需求向娱乐需求转换的历史大势下，在过去的 10 年里，使用微软产品的用户占比一直在慢慢下降。而与此同时苹果的 i 系列、三星的 Galaxy 系列设备普遍受到消费者的欢迎，市场占有率稳中有升。2010 年，苹果的市值超过了微软，一跃成为全球市值最高的 IT 公司，这给微软敲响了警钟。

从近期狭义的市场划分来讲，苹果和微软的受众群体是不一样的，也可以简单地说，苹果和微软不在同一个市场上，苹果的产品还替代不了微软的 Windows 和 Office。但是从长远来看，假如大多数消费者都养成了不用 Windows 的习惯，那么微软也就失去了优势地位。

目前，我们依然看不到微软在平板电脑、智能手机等移动终端上有任何反败为胜的可能。甚至有人开玩笑说，宁愿相信 Symbian 取胜，也不相信 Windows Phone 在移动操作系统上取胜。

微软落败于手机操作系统，失去了当年 100% 统治天下的地位，在未来信息入口之争上微软遭遇了败仗。

不是微软不好——微软是很多人向往加入的公司，但不得不承认，过去 10 年，这个软件行业的财富巨人确实没有拿出什么让人眼前一亮的产品。它甚至忽视了搜索、智能手机、平板电脑和社交网络（SNS）这些大市场，致使四大劲敌——谷歌、亚马逊、Facebook 以及苹果直冲云霄。或者说，这些产品微软大多数都做过，但没有成功。

微软这么优秀的公司走到了今天这个地步，也是没有办法的事，因为历史就是这样发展的，就像我们想不到摩托罗拉会倒，诺基亚那么辉煌也会衰落一样，这就是历史发展的大势。

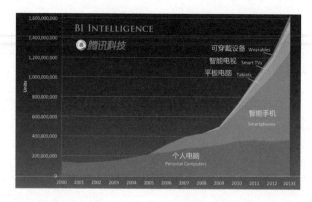

2000 年至 2013 年全球可连互联网设备出货量示意图（资料来源：腾讯科技）

从上图中的数据可以看出，全球可连互联网设备中 Windows 占比已经很小了。

微软的现状何尝不是消费者理念的直接体现？随着时代的发展，消费者越来越追求体验，追求快捷，追求个性，追求娱乐。微软既得益于 PC，也受制于 PC。

第三节　软件的第三波冲击：移动 APP 取代 PC 应用

我们先看看下面几个场景。

小张回到家里，习惯性地打开了电脑，却不知道该做什么，便随便刷新了一会儿屏幕，接着便掏出手机看起小说来。

以前回家第一件事就是打开电脑登上 QQ，看看有没有人发消息过来。现在手机 QQ 一天 24 小时在线，随时随地可查看消息。并且，现在的年轻人更爱用微信聊天。

以前网购衣服，总是要坐在电脑旁，专门花上半个小时来挑选、购买。现在，用手机购物，在上班的路上就把东西买好了。

不可否认，移动 APP 已经能完成相当多原本 PC 应用的功能。

在快时代，方便的才是人们需要的。更方便的移动终端，更扁平化的移动 APP，必定会给 PC 应用软件当头一棒。

随着第四代（4G）网络的到来，电子市场的飞速发展以及智能手机和其他移动终端的快速崛起，APP 呈爆发式增长。

生活节奏越来越快，人们的空闲时间更多的是碎片化时间，而坐在电脑前才能应用的软件必定会在一定程度上影响人们的效率。

随着智能手机和 PAD 在全球范围内的普及，越来越多的网民开始由传统的互联网上网方式向用移动终端设备上网转移。

工信部网站的统计数据显示，截至 2014 年 9 月底，我国移动互联网用户总数已经达到 8.7 亿，其中使用手机上网的网民已经达到 8.33 亿，移动互联网越来越普及。这些骇人的数字再次将手机移动互联网的市场潜力展现在商家的面前。基于手机互联网的移动 APP 也同样拥有很广阔的市场前景，移动终端在用户生活中扮演着越来越重要的角色，APP 也成为用户最常使用的移动应用之一。

2014 年 6 月，应用分析和市场数据提供商 APP Annie 发布统计数据：Google Play 中的应用数量达到了 150 万。在 WWDC 2014 大会上，库克宣布，截至 2014 年 6 月苹果 APP Store 应用数量超过 120 万。

上面这些数字从一定程度上表现了移动 APP 的普及。虽然互联网应用同样很多，但移动终端上网的优势在于方便快捷，不受时间和区域的影响，随时随地都可以上网，也就是说移动 APP 随时随地都能够使用，这大大方便了消费者。

有多少人出门时是带着 PC 的？几乎所有人出门的时候都会带上手机。

除了日常生活中移动 APP 逐渐取代 PC 应用外，移动 APP 在商业推广上也被广泛认可。

纪录片《互联网时代》第 3 集对比了传统工业时代和互联网时代不同的分工协作

方式、产业链关系、消费与生产的关系等，解析了互联网如何改变、解构原有的价值链条和产业格局，创造全新的产业生态和经济模式。我们在其中看到，从 PC 端到移动端，互联网时代新技术不断推陈出新，形成了"平台＋电商＋移动终端＋应用"的全新模式。

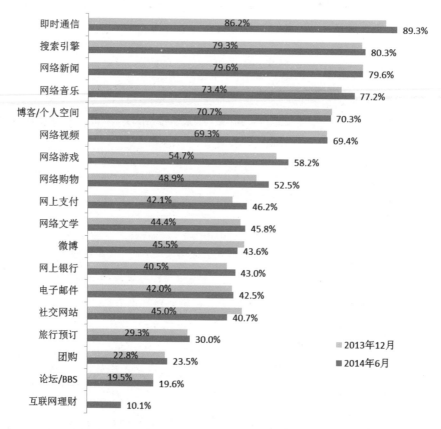

2014 年 6 月与 2013 年 12 月各类应用手机用户比例（资料来源：CNNIC 第 34 次报告）

在移动 APP 取代 PC 端应用方面，转换来得非常迅疾，如上图 CNNIC 第 34 次报告显示的：2014 年较 2013 年明显增强的应用包括网络游戏、网络购物、网上支付。这些都是在 PC 时代具有很强竞争力的应用，现在都在向移动端转换。PC 时代异常红火的微博、社交网站，到手机时代明显衰落。相应的，手机上原生态的应用呈爆发式增长。

随着手机上网功能的不断增强及智能手机的普及，很多人对手机办公十分期待。

为了满足这种需求，出现了许多相关的 APP。例如，手机 QQ 浏览器就是适应这种需求的产品，其加强了手机办公方面的设计。手机 QQ 浏览器支持图片的在线预览，也支持各类 Office 文件（如 Word、Excel、PPT）的在线阅读。而且，通过手机 QQ 浏览器，用户可以直接发邮件给其他人。它还支持一键解压缩，并能轻松打开主流压缩文件。

而 Google Docs 服务也可以提供类似 Office 的很多功能，而且还打着物美价廉的旗号。由于它的服务是基于云计算的，故使用起来很是方便。

上述这一切，都让手机的办公能力大幅提升。而软件、硬件的结合，将叩开应用不断创新的大门。

移动 APP 取代 PC 应用的战役已经打响了。

第四章

应用的三波冲击

一切有形与无形的重要性，皆取决于它们的可应用性。正如前哈佛大学校长劳伦斯·H·萨默斯所说："信息技术正在前所未有，彻底改变着全球化进程中的各种联系。"网络是信息交流的通道，硬件、软件都是为用户服务的工具，真正为用户所用的，既不是网络，也不是软硬件，而是应用[⊖]。

应用其实是可以为人所用的功用，电话的通话功能是应用，短信是应用，我们现在手机中的各种游戏、地图、搜索引擎、相机、手电筒等，都是应用。人的直接需求是对应用的需求，为了能将满足人们需求的应用呈现给用户，网络、硬件和软件才会不断革新，引发一波又一波的浪潮。因此，随着网络、硬件、软件的三波冲击，应用的三波冲击也正在发生。

人们最初实现的应用是电话通话，随着网络移动化和手机软硬件的发展，应用的第一波冲击——通信的移动化已经实现了。

应用的第二波冲击是媒体的社会化。随着通信数据化以及软硬件在移动端的发展，人们随时随地可以将自己的见闻通过文字、照片、视频等形式传播，并且可以便捷地浏览转发各种信息，这一波冲击使每一个人变成了重要的网络节点，媒体社会化浪潮已成现实。

今天，我们正处在应用的第三波冲击——世界的网络化之中。我们熟悉的现实世界不断地数字化，一个新的数字世界正在形成中。在数字世界中，应用既然是用户与网络连接的端口，也就自然成了信息的入口，抢占信息入口变得异常重要。先知先觉的企业看到了数字世界的机遇，他们在你身边发动一场又一场的应用战争，抢占电脑、抢占手机、抢占智能电视、抢占搜索、抢占安全、抢占电商、抢占视频……背后的逻辑都是信息入口之争。随着智能手机和 PAD 取代 PC，用户不再局限于固定地点上网，而成为了游牧一族，信息入口的战争蔓延到各个场景之中，数字世界的分地之争又细化到服务场景之争。

第一节 应用的第一波冲击：通信的移动化

电话出现之后，天涯变咫尺，人们可以在几分钟内联系上千里之外的人。但是，

⊖ 应用的范围很广，这里的应用特指互联网上的应用。

连接电话的线路逐渐成为了束缚，我们只能在固定地点打电话，不能把电话带在身上，不能随时随地联系别人。

随着物理网络由有线变为无线，通信终端上面的束缚终于去掉了。

随着第三代（3G）网络时代的到来，智能手机和平板电脑横空出世，人们通过手机和平板电脑几乎可以以任何想要的方式进行沟通。通过第三代（3G）网络或者WiFi网络，可以进行图片传送、语音发送、视频聊天，通信的移动化彻底完成，人手一部移动通信终端的时代已经到来。

2014年10月工信部统计数据显示，中国有手机用户12.77亿，用户数增长率为0.32%，长期低于1%。

中国大陆人口往多了说有14亿，其中，一部分老人不会用手机，年龄太小的小孩家长不让使用手机，也就是说，中国大陆手机用户已经接近饱和。我们手机的通讯录上面联系人的电话大都是手机号码，已经很少有固定电话号码，这种现象也证明了这一点。应用的第一波冲击——通信的移动化已经完成，之后要做的只是针对现有用户进一步完善服务质量。

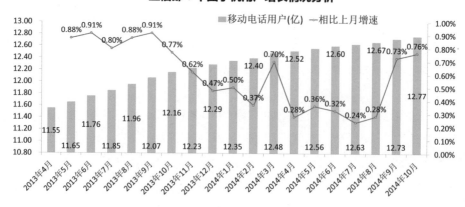

（数据来源：中国工信部统计数据整理）

第二节　应用的第二波冲击：媒体的社会化

也许就在昨天，谁也无法想象，你自己也会成为一个媒体人。

纪录片《互联网时代》用生动的语言描绘了 2006 年年末举行的《时代周刊》年度风云人物评选。当时的情形是：编委会成员、各版面编辑以及来自社会各界的专家3000 人为这次的人物评选犯了难。

"面对伊朗总统内贾德、委内瑞拉总统查韦斯，还有一位似有还无的人物，大会难以达成一致，连开数次的编委会也未能做出最后的决定。"不过最终，结果还是出来了。"12 月 25 日，如期出版的《时代周刊》出现在人们的面前。在连续 79 年的时代风云长廊上，出现了划时代的个案。在一个白色键盘和一台反光纸构成的新时代的显示屏下，隐藏着一个容易被忽略又不能被忽略的英文单词：'YOU'。是的，就是'你'，每一个互联网中的普通人，欢迎来到'你'的时代。"[⊖]

"你"的时代，"你"指的是与互联网相关的每一个人，互联网让每一个人成为了时代的见证者和记录者，让每一个人成为了一个移动的新媒体。

媒体的社会化是由于网络浪潮的冲击。民众接受信息的途径首先是从传统媒介转向互联网门户网站。从 1994 年正式接入国际互联网，我国的网络就开始起步。之后几年里，出现了一些早期的门户网站。但是，早期的门户网站很不成熟，加上互联网用户很少，传统媒体业务几乎没有受到影响。

1997 年之后，门户网站开始提出"内容为王"的发展口号，在内容丰富之后，它们迅速成长起来，成为与传统媒体并存的"第四媒体"。四大门户网站成为我国网民们的首选，它们分别是以新闻报道为优势的新浪，以娱乐为优势的搜狐，以游戏为优势的网易，以及草根的乐园——腾讯，各有倚重。

门户网站不断挤压传统媒体的市场份额，同时，其本身也渐渐成为了新的"传统媒体"。随着媒体进入手机时代，尤其是以微信、微博为代表的社交软件普及之后，信息的传递效率极大地提高，微博的大 V 以及转发机制，微信的公众账号 + 朋友圈，成为媒体的主力军。移动互联网不仅抢夺了传统的广播电视、报刊图书的市场，也威

⊖　《互联网时代》第 5 集《崛起》。

胁到了传统互联网的地位，当前在手机客户端，微信的每日新闻、网易新闻客户端、腾讯新闻客户端等都抢占了原来的门户网站的地位，它们传递信息更快捷、更方便。而腾讯由于网住了大量的新生代，在新媒体领域更可谓技压群雄。

另外，搜索引擎也是促进媒体社会化的一个因素。搜索引擎实现了传统媒体无法达到的效果，我们可以在信息的海洋中迅速锁定目标、获取信息，虽然通过搜索引擎获得的新闻具有一定的滞后性，但是更加快捷、更有针对性，人们获得的信息更加丰富、集中。当搜索成为习惯，什么是热点不再是专业媒体说了算，而是由每一个人决定。

通过百度搜索的热点，我们就能够很直观地看到，人们通过搜索引擎搜寻的热点信息与新闻事件密切相关。比如 2013 百度搜索风云榜中，十大上升最快事件是：1、雅安地震，2、国五条，3、H7N9 禽流感，4、神舟十号，5、雾霾，6、钓鱼岛，7、遗产税，8、二胎新政策，9、中央巡视组，10、互联网金融；十大话题人物是：1、李天一，2、姚贝娜，3、华晨宇，4、科比，5、章子怡，6、汪峰，7、王力宏，8、李娜，9、张亮，10、王林。这些在搜索引擎中最热门的事件和人物背后，无一不是 2013 年引人关注的新闻。

社交媒体兴起

门户网站以及搜索引擎的出现，推进了媒体数字化的进程，但是，人们通过门户网站和搜索引擎只能够获取他人的信息，我们自己只是旁观者，无法参与其中。社交媒体的出现则揭开了媒体社会化的新篇章。

社交媒体的最早涉足者是 QQ。2003 年移动 QQ 刚刚诞生，就显现出强大的生命力，但信息交流仅限于我们的 QQ 群之中，它的便捷性、传大文件的能力、朋友间的关注，黏住了我们的心，今天月活跃用户达 8.29 亿，同时在线人数超过 2 亿，我们多将其作为朋友沟通交流的小圈子。

微博是一个划时代的产品，它真正地拉开了社交媒体的序幕。人们第一次感受到，原来我也可以发表自己的言论，我不再是看客了，我要参与、我要发言！截至 2014 年 6 月，新浪微博的月活跃用户为 1.5 亿，腾讯微博的月活跃用户为 5900 万。

在人类过去的发展史中，还没有任何一个工具能让这么多人参与其中，不是看客、不是听众，是参与者。

2011 年，又一个划时代的产品——微信诞生了！随时随地，一键转发，群聊、公众号、朋友圈，信息流通之快史无前例，远远超越微博。

人人开始参与、使用这些网络信息传播工具。信息的源头不再是专业的记者，而是我们每个人；信息的流转不再依赖专业媒体，而是我们每个人。每一个人都成为了信息的源头，也是信息的发送平台。自此，媒体实现了社会化！

现在，无论是 QQ、微博还是微信，都可以实时向用户推送热点新闻，只要是网络用户，几乎不可能错过最新最热的新闻。此外，QQ 与微信的群聊功能、微博与微信圈的转发功能也成为新闻传播的重要工具，人们可以通过转发链接和图片的方式，向自己的好友发布最新看到的新闻和其他信息。信息的传播正在以前所未有的速度进行。

每一个人都可以成为媒体

在互联网时代，每一个普通人都不再只是信息的接收者，我们不仅在听和看，同时也可以通过各种社交应用发表自己的见闻，表达自己的观点。每一个人，都可以作为一个社会化的"新"媒体。新媒体的崛起，意味着传统媒体江河日下的时代已经到来。纪录片《互联网时代》中有这样的描述："2012 年 12 月 31 日，《新闻周刊》出版了最后一期纸质版。它以一张位于美国纽约办公大楼的黑白照片作为封面，以缅怀一个时代的结束。"

确实，专业的媒体人数量有限，当突发事件出现的时候，专业媒体记者很可能不在现场。但是，在现代社会，现场一定有可以传播信息的人。随着移动端应用的进步，每个人都可以配图分享自己的见闻，普通人成为了很多新闻的第一手信息来源。

2005 年 7 月 7 日上午 8:51，伦敦地铁中控室显示国王地铁站异常。官方很快确认，发生了爆炸事件。这时候，人们非常恐慌和焦急，都在担心现场的情况。可是，发生突发事件的地铁中没有新闻媒体，也不会有现场直播。

正当所有人焦急等待的时候，一张现场图片传了出来。这张来自现场的图片，拍摄时间距离爆炸发生只有三分钟，虽然照片的效果无法与专业媒体拍摄效果相比，却成为了人们关注的焦点。照片很快被 BBC 网站转发，随即它又登上了世界各大新闻网站的头条。

当现场进行阶段性清理之后，记者才得以进入爆炸现场，这时候爆炸已经发生两小时了。

这次事件中，社会化媒体初步展示了它的魅力。

现在，传统媒体纷纷开始向社会化媒体转变。当然，这里的转变并不意味着消亡，社会化媒体绝不会完全替代专业媒体，毕竟专业媒体的权威性和提炼分析能力是业余的社会化媒体做不到的。不过，传统媒体必须做出改变。很多传统媒体已经意识到了这一点，转型正在进行中。

2005 年伦敦地铁爆炸案之后，英国 BBC 实行了史无前例的大幅度改革。他们重新整合了过去传统报道中形成的组织机构，特别增加了 UGC 社交网络媒体部，专门负责 24 小时收集来自全球的公民记者发布的信息。如今，BBC 每天发布的新闻中，来自公众发布的信息已经占据 40% 的比例。BBC 全球新闻总裁彼得·霍洛克斯在接受央视采访的时候说："我们意识到，我们需要改变我们自身的结构来回应观众提供的信息和内容。"

媒体的社会化也意味着媒体监管方式的改变。在报纸、杂志时代，媒体内容的产生门槛比较高，需要专业的人员来提供，发布渠道也比较严格，需要审查通过之后才能发布。在电视时代，内容的产生门槛更高，审查也更严格。而在网络时代，门户网页的内容产生门槛有所降低，审查的严格度也在降低，常常是事后审查。

移动网络应用普及之后，人们开始在网络的社区里散播信息，很多人开始变成草根媒体，只要看到新闻事件，就会进行记录发布。特别是微博和微信相继出现之后，媒体迅速社会化，微博和微信朋友圈的丰富度比专业的新闻记者采集快得多，并且这些信息发布不需要审核。

随着审核门槛的降低乃至消失，信息过滤也就成为了媒体社会化之后的核心问题。那么，谁既能够收集来自社会化媒体的海量信息，又能够过滤信息，并整合提炼信息，谁或许就能够走在媒体社会化的浪潮之巅，成为新媒体时代的引领者。

第三节　应用的第三波冲击：世界的网络化

随着技术进步带来的大裂变，这个世界逐渐分化为"两个世界"——有形的物质世界与无形的数字世界。而且每一个世界，对我们都具有现实性。

在 HIPDA 论坛上，一位叫"紫风蓝雨"的网友这样描述自己玩游戏的体验："玩了一天模拟人生4，突然觉得悲伤了起来。游戏开始没多久，第一个生日无人记得，然后技能越练越强，收入越来越高，环境越来越好，不但有了身材火辣的女朋友，还长期与多名女性发生或保持暧昧关系。游戏提示可以结婚了，也没管。心想一个人就这么练级挺好，到了第二个生日，终于有机会开生日派对了，请了一堆朋友来玩，很嗨皮……结果第二天醒来，就发现头发花白了！系统恭喜你又成长了一岁！"

这只是一个模拟人生的游戏。但客观地说，即使排除这样的游戏，现在每个人花在网络上的时间其实已经和现实世界不相伯仲。从信息时代开始，世界就开始了数字化的进程，在我们生活的现实世界之外，又形成了一个数字世界。今天人们一只脚踩在了现实世界中，另外一只脚踩在了数字世界中。

世界网络化，意味着人们要在现实世界和数字世界之间转换，这种转换需要通过各种入口来实现，那么，入口就成为互联网公司的必争之地。数字世界的竞争虽然表面上很频繁、很激烈，令人眼花缭乱，但实质上，都属于信息入口之争，进一步细化为信息场景之争。

信息入口之争：通往数字世界的门票

从互联网时代到现在的移动互联网时代，各大网络公司之间从来都不平静，每一个主要市场都是你争我夺、硝烟弥漫，在安全、搜索、电商、移动应用分发、支付、音乐、视频等领域，不断地上演王者之争。

让人们感受到竞争的激烈，当数"3Q 大战"（360 公司与腾讯公司）。

2010 年 9 月 27 日，360 发布针对 QQ 的"隐私保护器"工具，宣称其能实时监测曝光 QQ 的行为，并提示用户"某聊天软件"在未经用户许可的情况下偷窥用户个人隐私文件和数据。

2010年10月14日，针对360隐私保护器曝光QQ偷窥用户隐私事件，腾讯正式宣布起诉360不正当竞争，要求奇虎及其关联公司停止侵权、公开道歉并作出赔偿。360则毫不示弱，针对腾讯提起反诉。

2010年10月27日，腾讯刊登了《反对360不正当竞争及加强行业自律的联合声明》，声明由腾讯、金山、百度、傲游、可牛等公司联合发布。

2010年10月29日，360公司推出一款名为"360扣扣保镖"的安全工具。72小时内，这一软件下载量突破2000万，并且不断迅速增加。腾讯对此表示强烈不满，称360扣扣保镖是"外挂"行为。

2010年11月3日傍晚6点，腾讯公开信宣称，将在装有360软件的电脑上停止运行QQ软件，倡导卸载360软件才可登录QQ。

······

2014年2月24日下午，最高人民法院公开开庭宣判"3Q大战"终审结果：判定360对腾讯构成不正当竞争，并赔偿经济损失500万元。360提出上诉。

2014年10月16日上午，最高人民法院做出最终审判：驳回上诉，维持原判。至此，"3Q大战"的诉讼案才尘埃落定。

虽然"3Q大战"诉讼已经终审，但随着智能手机的普及，安全市场的争夺从PC端蔓延到移动端，加入这个市场竞争的公司和产品越来越多，有360手机卫士、腾讯手机管家、百度手机卫士、金山手机卫士、安全管家等。

与"3Q大战"齐名的是"3B大战"（360公司与百度公司）。

2012年8月16日，奇虎360低调推出综合搜索，引起行业震动。

2012年8月21日，360将360浏览器默认搜索引擎由谷歌正式替换为360自主搜索引擎。

2012年8月22日，360董事长周鸿祎在第二季度财报电话会议上表示，360全站推自主搜索引擎以来，流量增长远远超出预期。尽管360方面刻意保持低调，但360进军搜索市场的举措，还是在市场上引起轩然大波。

在奇虎360推出综合搜索的次日，百度聚合多家知名安全厂商组建了中国互联网史上首个以搜索引擎为中心的安全联盟，打击钓鱼、违法、诈骗等网站，被业界看成是为防止奇虎360在安全领域的强势备下的一道关卡。接着，百度开始通过对奇虎360网址导航导入的搜索流量进行提示，建议用户将百度设置为首页。很快，奇虎360做出反应，将原本"问答"搜索默认的"百度问答"设置为奇虎360的"奇虎"问答。

2012年8月28日晚间，百度悄然对360搜索业务展开反制，用户通过360综合搜索访问百度知道、百科、贴吧等服务时，将会强行跳转至百度首页；360随后展开对攻，用户在360浏览器中使用360综合搜索时，点击来自百度相关服务的搜索结果，会被直接带至"网页快照"页面……

今天，在搜索市场上，百度市场份额第一，奇虎360市场份额第二之外，合并了腾讯搜搜的搜狗市场份额第三。搜索的蛋糕太诱人了，市场的竞争依然激烈。

真正震动中国人的还是"支付大战"，它以微信抢红包开始，以打车应用补贴作为延续。

马年春节，令人印象最深刻的事件之一莫过于"抢"微信红包，少到几分钱，多也不过几十块钱。但是，通过这些不起眼的小钱，微信搭建的抢红包平台在短时间内让全国微信用户为之"疯狂"，微信支付对于支付宝的冲击非常迅猛，被马云称为宛如"珍珠港偷袭"。

腾讯数据显示，从除夕开始至大年初一16时，参与抢微信红包的用户超过500万，总计抢红包7500万次以上。领取到的红包总计超过2000万个，平均每分钟领取的红包达到9412个。

但是，抢红包只是开胃菜，嘀嘀打车和快的打车的竞争真正引爆了支付之争。

据媒体报道，嘀嘀打车宣布从2014年2月18日起，乘客使用嘀嘀打车并且用微信支付，每次能随机获得12元至20元不等的补贴，每天3次。快的打车则遵守"永远多1元"的承诺，宣布从2月18日15点开始，用快的打车并用支付宝付款每单最少给乘客减免13元，每天2次。

这意味着，打车起步价基本"免费"。要知道，打车软件不只是补贴乘客，对司机也同样补贴，首次使用还有返还话费的优惠。这就是天上掉馅饼，谁说天下没有免费的午餐？这激起了老百姓打车的热情。

据后来的统计数据，微信支付用户从1月10日的2200万，在不到三个月的时间内迅速增长至超过1亿。

打车补贴已经过去，但"支付大战"没有停止，它以二维码、商场联盟、O2O 等形式，依然继续着。

比支付更诱人、更大的蛋糕是：电商市场。在电商市场上，阿里巴巴建立了牢固的先入优势，但后来竞争者不断。2014 年 3 月 10 日，腾讯入股京东，占股 15%，希望通过这种强强合作，在 B2C 领域大展拳脚。唯品会、聚美优品、顺丰优选、一号店等垂直市场中，不断有新的竞争者加入，电商市场激战正酣……

2013 年 8 月 16 日，百度出资 19 亿美元全资收购 91 无线。

19 亿美元！这一成交价格震惊了很多人，同时让分发市场中的 360、腾讯也加大了投入力量，"移动分发之争"开始了……

2014 年 4 月 14 日晚，腾讯在旗下安卓软件市场应用宝发起了一场"红码风暴"：从当晚 8 点开始，腾讯应用宝"扫红码得红包"5 亿现金大派送活动正式开启。网友只要扫描应用宝红色二维码，成功下载红码 APP 就可随机获得金额不等的微信红包，红包最大金额达 200 元。每成功下载 3 个红码 APP 可拥有一次抽奖机会，奖品包括三星 Note3、三星 S4 等手机大礼。

多种方式促进了腾讯应用宝的快速发展，腾讯在分发市场的份额上涨迅速，分发市场的三强（百度、360、腾讯）之间的竞争会更加激烈。

全民娱乐的时代让视频市场被更多人看好。在视频市场上，主要竞争者是优酷土豆、爱奇艺、腾讯视频、搜狐视频、乐视，其中，阿里巴巴入股优酷土豆，360 投资乐视，自此 BAT 全部加入了这场竞争，而这场大战还没有真正开始，互联网公司主导视频娱乐市场的时代正在向我们走来。

互联网行业从不缺少"战争"，除了以上"战争"之外，还有互联网金融市场的"双英战群雄"，支付宝、财付通大战银行的各种"宝"，P2P、众筹等的火爆与跑路，来往、易信向微信的挑战，小米和华为的微博口水仗……

如果没有争吵，没有战争，没有并购，互联网就不是互联网行业了！

当互联网巨头们在这些市场鏖战正酣的时候，外行看热闹：

太好玩了，那谁跟谁又打起来了！

又有免费的午餐了，快去领啊！

有意思，他们又在微博上对骂了！

内行看门道：

他们的竞争都围绕着一个核心：信息入口——通往数字世界的"船票"。

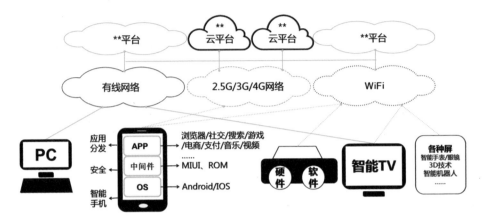

在过去的十几年中，竞争的重要战场是网络。网络是所有信息必经之路，是所有通信的基础。

最初的网络竞争体现在移动网络的竞争上，先后有中国移动、中国联通、中国电信、中国网通、中国卫通、中国铁通参与了竞争，分分合合到今天的格局：中国移动、中国电信、中国联通。这些通信公司抢的是物理网络，物理网络经历了 TACS、GSM、GPRS、WCDMA、TD-SCDMA、TD-LTE、CDMA95、CDMA2000 等 不 同的制式、不同阶段的发展，中间又穿插着小灵通和大灵通的搅局。随着网络基础建设的完善，大灵通和小灵通也退出历史舞台，网络信号越来越稳定，不同制式网络的差距越来越小。

网络竞争格局稳定之后，人们的注意力从网络转到了手机上。2007 年之后，竞争的战场转移到手机操作系统。在选择手机的时候，我们会想到底是买安卓（Android 系统）手机还是买 iPhone 手机（iOS 系统）呢？而经过这几年的高速发展，从功能手机向智能手机换代的大潮已基本接近尾声。各种品牌的手机功能差距越来越小，同质化程度越来越严重。

在这样的情况下，人们的注意力从手机转移到了手机应用上。

微信诞生之后，以极快的速度成为了信息的第一入口。很多人早上第一眼看的是微信，晚上最后一眼看的还是微信。除了这个使用频率最高、使用时长最长的应用之外，所有应用市场的竞争都在进行，如前所述。现在人们考虑的是：我的手机有没有微信，用 UC 的浏览器还是手机 QQ 浏览器，安全软件用 360 卫士还是腾讯手机管家，搜索用百度还是 360 或搜狗，装什么新闻客户端，装什么视频客户端，装什么天气软件，装什么导航软件，装什么航班信息……

人们考虑的这些都是互联网公司需要争取到的，这就是前面提到的"移动应用分发之战"。

当支付功能也进入了手机中，手机的安全就变得至关重要了，前面提到的"安全之战"将会是"全民战争"，安全的意义更加重大了。

当然，战争远不止我们看到的那些，人类的创新是无穷无尽的！当我们还在享受智能手机的乐趣时，更多的人正探索新的应用，新的入口之争还在层出不穷。比如：眼镜是一个屏，智能手表是一个屏，车载是一个屏，各种各样可穿戴的设备不断涌现，不管有屏无屏它们都是信息的入口。

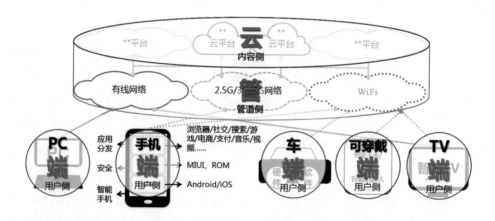

如上图。不管有多少种新的屏，它们都是应用"端"，为应用"端"服务的是后面的网络"管"与内容"云"，所有的竞争都是为了争抢到这个路径中的一个入口，这个入口将得到这个路径上的信息，这就是"信息入口之争"，越贴近用户的入口越有价值。

互联网巨头们你方唱罢我登场，从网络、硬件、软件、应用的竞争到看似不知所以的争吵、收购、兼并、"战争"、联合，其实都是围绕着"信息入口之争"。

信息入口之争还在继续之中，并且越演越烈，互联网三巨头脱颖而出，BAT（百度、阿里巴巴、腾讯）各自优势格局已形成：腾讯用 QQ/ 手机 QQ、微信圈住了人与人之间的关系；百度用搜索圈住了人与信息之间的关系；阿里巴巴用淘宝和天猫圈住了人与商品之间的关系。但是，谁圈住了人与服务的关系？形势还不明朗，但可以预见竞争将更加激烈！

服务场景之争：从粗犷到精细

随着个人计算机（PC）被智能手机和 PAD 取代，人们不再只是坐在办公室或者待在家里在网上冲浪，移动中的人让联网的场景开始多样化。在互联网时代，不管你是哪个国家的人，你都是坐在计算机面前上网，背后的需求类似，因此竞争围绕着信息入口之争，但在移动互联网时代，人们上网时不同的场景背后的服务需求不同，因此移动互联网时代的竞争围绕着"服务场景之争"。

想一想你要准备一次自由行旅游都需要做什么准备？对景点的比较与选择，这时如要有人写了游记供你参考就好了，能够了解到当地的风土人情就好了。当目的地选定之后，机票预订、酒店预订、门票预订到与旅游相关的一系列服务，想一想都头大，这就是服务的场景，人们在某个场景下的服务需求就是互联网巨头们竞争的新战场："服务场景之争"。

当移动起来的人们所处的场景不同，需求不同时，不同场景下的信息与服务入口机遇开始显现了，互联网巨头们早已经开始了吃、住、行、游、购、娱等"服务场景"的布局。

餐饮服务场景上，主要竞争者是：大众点评、美团等。

旅游服务场景上，主要竞争者是：携程、艺龙、去哪儿、驴妈妈，携程的优势地位显现。

家庭信息场景上，智能电视的主要竞争者是：乐视、小米、传统电视厂商（TCL、创维、索尼等），冰箱、洗衣机、空调等家电还以原有传统厂商为主。小米在布局家庭无线路由器，剑指智能家庭信息的路由关口。

车中信息场景上，主要竞争者是：谷歌（Google）和特斯拉（Tesla），前者从自动驾驶入手，后者从互联网汽车入手。特斯拉用两倍于 iPad 的液晶显示屏，彻底取代了传统汽车中控台，并且开放了所有专利权，希望能尽快形成生态系统，形成事实的标准，抢先一步占领入口。

小区服务场景上，主要先入者是：彩生活、叮咚小区，能不能做大还未知，但先进入布局了。

城市服务场景上，主要竞争者是：58 同城、赶集网、百姓网。腾讯持有 58 同城股份的 25.3%，拥有 16.02% 的投票权，提前布局城市服务场景。

服务场景无法穷尽，相比于大平台服务，场景服务非常精准，因此在某个垂直领域中占领市场非常重要。相信现在我们看到的场景之争只是一个开端，未来，"服务场景之争"会像"信息入口之争"一样广泛和激烈。

线上线下融合

我们知道，服务场景之争才刚刚开始，而服务场景市场最重要的特点就是线上线下融合。网络数字世界的建设都是为了满足人们的精神需求，而物质需求必须由线下提供。随着移动互联网时代的到来，线上与线下的融合成了不可抵挡的潮流。

现在线上的互联网公司，很难延伸到线下。除了行业隔阂之外，传统管理模式和观念的缺失也使互联网公司难以做好传统行业。

传统行业的成本管理、库存管理、质量控制等都挑战着互联网公司的能力。互联网公司更重视的是开源，节流能力不足。比如小米为了降低成本，连一个电容都要计算到 0.01 美分，所有手机元件一定要货比多家，目标是性价比最优，这是小米成功的关键因素之一。互联网公司做硬件的时候，由于惯性思维的影响，只重视体验，不重视成本，因此很难盈利。

线下的传统企业想要占领线上就更难了，因为传统企业缺乏对互联网行业的理解，特别是没有互联网的基因，以传统的经验模式向线上发展是走不通的。

所以，只有掌握互联网的开源能力，同时拥有传统企业节流手段的人，才能够融合线上和线下。现在涉足线上和线下的企业中，最典型的是小米科技公司和雕爷牛腩、黄太极两家餐饮公司。他们的主要业务在线下，但是创始人却是从互联网公司转型的。

小米创始人雷军在金山软件工作了 15 年（1992 ~ 2007 年），2007 年又回到金山软件，担任董事长；雕爷牛腩的创始人在淘宝平台上打拼过，虽没有在互联网公司工作过，但积累了运用互联网的经验，把这些经验再移植到餐饮行业；黄太极创始人则是曾浸泡过百度、去哪儿、谷歌的互联网人。既有互联网思维，又具备传统企业的管理理念，这就是这三家新锐公司的最大特点。这三家企业在成本管理、库存管理、质量控制、员工激励方面，都做得非常优秀，同时在定位、服务、信息方面又具备互联网企业的思维，这样的公司是线上线下融合的典型，也是未来公司的雏形。

随着线上线下融合潮流的到来，市场上会有更大的机遇，这些机遇一定是被理解了互联网，又理解线下管理的这些公司抓住，虽然蕴藏着更大的创业风险，但也是改造传统行业的巨大机遇！

构建数字世界

智能手机取代功能手机是一个产品对一个产品的颠覆；

移动网络取代固定网络也是一个产品对一个产品的颠覆；

Android/iOS 操作系统取代 Symbian 系统还是一个产品对一个产品的颠覆。

如上图所示，第一圈的产品对产品的颠覆叠加在一起，就变成了一个行业对另外一个行业的颠覆：移动互联网颠覆了互联网。

行业颠覆的背后，其实是科技的换代和时代的变换。比如：摩托罗拉和诺基亚的衰落，就是时代变换的见证。微软和英特尔的强大组合，在时代的转换中也面临着危机。这就是时代变换的脚步，我们正在构筑新的数字世界，冲击着现实的物理世界。

第二圈的取代——平板电脑对传统电脑的取代，移动操作系统对桌面操作系统的取代，社会化媒体对专业媒体的取代已经接近尾声。信息时代曾经辉煌的公司，如：戴尔、惠普等电脑时代的企业已经渡过了最辉煌的时期，光环逐渐暗淡，软件时代的王者微软也失去了昔日风采。

第三圈的取代已经开始，这次取代的巨浪还没有到来，但是我们已经嗅到了咸咸的海风。我们即将迎来一个万物互联的数字世界，所有的转换都是为数字化时代让路。

所谓的"万物互联"将呈现如下的景象：

首先，所有的物体都有连入数字世界的标签。比如，RFID（无线射频识别）标签、二维码等，以及未来可能出现的新的标签技术，都能让我们很容易地把各种物体连入物联网的世界。

其次，人类用数字化的设备武装自己。比如，智能可穿戴设备可以直接帮助人延伸自己的感官，使人体的各项能力达到前所未有的高度。

最后，人类用机器人重塑自己——这也将是移动互联网时代一个让人惊心动魄的进展。可以预计，类似"谷歌大脑"、"百度大脑"这样的人工智能技术将得到迅猛的发展，它们和原有的各种技术相结合，将会爆发出极大的能量，给我们的生活带来极大的改变。

相比于农业时代和工业时代的转换，互联网时代的转换更加迅速。移动互联网的转换是在几年间完成的，对企业的冲击非常之大，我们还没有积累任何的经验来应对这样的冲击。

从产品对产品的颠覆，到行业对行业的颠覆，今天我们将进入时代对时代的颠覆。这是所有企业面临的一次重大挑战，也是一次机遇，是处在这个时代的所有人的一次机遇。

接下来我们将会探讨科技是通过什么对我们产生那么大的影响的……

科技延伸媒介

媒介就是讯息。一切技术都是人的延伸。

——马歇尔·麦克卢汉（Marshall Mcluhan，加拿大，1911—1980，

20 世纪原创媒介理论家）

从呱呱坠地开始，我们就要面对未知的世界，就开始用眼睛去看，用耳朵去倾听，用手去感觉，用鼻子去闻，用舌头去品。当这五种感官封闭，我们就感受不到外面世界的丰富多彩。

马歇尔·麦克卢汉是 20 世纪著名的原创媒介理论家。作为传媒界的殿堂级人物，他在《理解媒介》一书中提出：一切传播媒介都是人类感官的延伸，印刷品是眼睛的延伸，收音机是耳朵的延伸，起重机和车轮是手臂和腿的延伸，电子媒介则是"人类中枢神经系统的延伸"。总之，一切的技术都是人体的肉体和神经系统增加力量和速度的延伸。

科技的变换是社会变换的原动力，科技的换代为信息传播提供了更有效的方式，从而改变了媒介的传播形态，媒介的传播形态又会改变人的行为习惯，商业规则会随着人的行为习惯变化而变化。

在这个网络科技发达的新时代，电子媒介作为人类中枢神经系统的延伸，已经变化得越来越快，其余一切媒介（尤其是机械媒介）作为人体个别器官的延伸，也正日新月异。数字世界正在形成，它改变了媒介的形态，使其从初期的量变不断地积累，正向质变转换。

可以这么说：是科技延伸了媒介！

第五章

科技改变信息承载方式：
从文字时代到形象时代

人类的一切行动，都需要借助信息的收集和分析来确定方向，所以从一定程度上说，信息传播方式的优劣会影响一个人、一个团体，乃至一个国家或地区在竞争中的地位。只有积极投身于传播的变革当中，才能紧跟时代步伐，而不至于落后人类文明发展的大进程。

据业界公认的一种划分方法，在人类社会文明发展传播过程中，信息承载方式一共经历了五次革命：语言传播、文字传播、印刷传播、电子传播、网络传播（即通过互联网的各种形式的信息传播）。每一次信息承载方式的革命都是以一次重大的技术发明为基础，借助这些技术发明，信息传播方式更加快捷、有效，从而推动人类社会文明的发展，引领人类进入一个又一个新时代。

语言传播革命的技术基础是语言的出现，这是一项有别于动物的信息传播技术，使人类走在了其他物种的前面；文字的发明则带来了文字传播革命，人类可以将信息记录下来；印刷术是一项划时代的技术发明，让人类文明前进了一大步；电子传播革命是由电话、广播、电视等技术引发的，人类开始进入后印刷时代；从互联网技术的发明到现在移动互联网时代的到来，各种软硬件技术更加成熟，数字星球正在形成，信息承载方式延伸到了"形象时代"。

是科技，深深改变了信息的承载方式。

第一节　前印刷时代：语言承载信息

技术是人的延伸，技术的发展为我们提供传播信息的载体。在语言文字时代，技术就是语言和文字，这两项交流技术是人类区别于其他动物的重要标志之一。

那么，语言到底是从什么时候产生的呢？菲利浦·列伯曼（Phillip Liberman）在《人类说话的进化》一书中推断："人类的远祖大约在 9 万年前的某个时候开始'说话'，大约在 3.5 万年前的某个时候开始使用语言。"

当然，关于语言何时、何地，特别是怎样起源这些问题，至今仍是学术界尚未完全解决的重大问题，历史上争议不断。

但有一点可以确定，那就是语言在文字产生之前，承担了人类信息传播的主要任务。

当人类的远祖开始进化到独立行走最终离开森林时，语言成了个体经验交流的工具。而这些经验性质的东西通过口口相传的方式，为更多的社会成员所了解和掌握。据不完全统计，目前世界上总共有 7000 多种语言，在很长的历史时期内，人类正是通过各种各样的语言，不间断地把经验和知识传授给下一代，延续着人类文明。

不过，语言的产生并不能完全胜任信息传播载体这一角色。毕竟语言的叙述结构是串行的，一个人某一段时间只能说一个字。语言的这种结构限制了信息的复杂性，同时还必须依靠面对面、口口相传。很显然，这样的信息传递方式也大大地束缚了信息传播的范围与速度。不过在当时的社会环境下，信息和思想的传播滞后并没有成为一个严重的文化问题。

鉴于语言传播的局限，原始人类对于一些信息的传播还有"结绳记事"等方式，遗憾的是，这种方式早已失传，目前还没有人能够参透其中的全部含义。

从语言的诞生到口口相传、结绳记事，人与人之间的交往越来越多，活动范围也越来越广，这时候人类开始寻找一种新的方式来优化或者扩展信息的承载方式。

于是，一些简单刻画的图案、符号逐渐出现，并成为一种新的信息承载方式。当符号发展到一定的阶段时，诞生了诸如中国的甲骨文、两河流域的楔形字、尼罗河流域的埃及象形文字以及美洲的玛雅文字等。符号文字虽然年代久远，但即使我们现在看，也能从龟甲、竹简、丝绢和纸张等记录上面找到"山、水、鱼、日、月"等文字。文字是人类智慧的结晶，也是一项划时代的技术，只是这项技术太基础了，我们习以为常而不以为意。

同语言的起源一样，对于"文字什么时候产生"、"文字产生于何地"这样的问题，史学家也是莫衷一是。不过可以肯定的是，文字的出现和传播又是人类进化史中的一个重要里程碑。它通过龟甲、竹简、丝绢等媒介，让异时、异地的传播成为了可能，也让信息传播的广度和范围大大提高，使人类正式告别野蛮时代，进入文明时代。

最初的文字基本上都是或刻或写在龟甲、竹简、丝绢等器物上，需要人手工介入，这种方式导致信息传播的随意性很大。人们在通过文字作为载体记录信息的时候很容易出现错字、漏字的情况，这样也在一定程度上限制了信息的复杂性和准确性。比如，现今流传的一些古籍都有各种各样的手抄本，其内容或多或少都有些差异。此外，在文字传播的早期，媒介都有其难以普及的特点（龟甲稀有、丝绢贵重、竹简笨重），这导致信息的大规模复制仍然很困难。那个年代，只有上流社会的统治者和宗教领导阶层才能依靠这些媒介掌握和传播知识。这些都是文字传播的局限性，人类迫切需要一项技术革新来克服这些难题，让传播更加精确、便捷。

第二节　印刷时代：文字承载信息

语言文字信息传播的局限性随着印刷术和造纸术的发明和流传，得到了初步的解决。

印刷术起源于公元 200 年的中国拓印术。约 400 年后，当时的唐朝出现了雕版印刷术。到了北宋庆历年间（1041—1048），毕昇发明了活字印刷术。之后随着蒙古军队西征，印刷术传到了西方。德国铁匠古登堡在活字印刷术的基础上，经过长达二十多年的摸索和试验，终于发明了铅活字和手压印制设备，并于 1456 年首次印成了 42 行本的《圣经》。

随着印刷术的进一步传播和发展，到了 15 世纪末 16 世纪初，欧洲的许多主要城市几乎都有了印刷所，文字印刷品开始大量出现并迅速传播。这也标志着人类传播史开始从文字传播革命进入了印刷传播革命。毫无疑问，这些印刷精美的文字转化成的信息开始不断地传进人们的大脑，冲击着人们对这个时代的认识，进而导致了一场名副其实的"知识爆炸"，从而加速了人类文明进化的历程。

由于印刷术的发展，印刷时代由此走向辉煌。此外，对于知识传播的质量而言，报纸、书籍这一类信息载体是静态的，它里面承载的信息也是静态的。这一特点就让人类在接触这些信息时有了更多的时间去思考和验证。印刷品的传播使得大量的语言转化成文字，更能清晰地体现一种思想、一个事实或者一个观点，把人类带入了一个更加复杂、抽象的世界。

正是如此，人们的求知欲被大大激发出来，进而促进了科教文卫事业的普及和发展，推动了社会进步，加速了欧洲范围内封建主义的崩溃和资本主义的诞生。美国社会学家查尔斯·库利在《社会组织》中说："报纸、书籍和杂志作为新的大众媒介，不仅消除了人们相互隔绝的障碍，影响到社区相互作用的方式，而且推进了社会的组织和功能的重大变化，甚至永久地改变了那些使用者的精神面貌和心理结构。"

总而言之，印刷传播革命使人类社会在各个方面都发生了前所未有的深刻变化。而且，为了克服文字传播革命时期信息传播的随意性问题，进一步加快信息传输的速度，提高其传播范围和准确性，降低复制信息的难度，逐渐有了分类、排版、索引、注释等新的展现方式，并形成了一种对权威信息的态度。印刷品强调逻辑和清晰，促使人们进行理性思考，奠定了分工时代的社会基础。

正如"芝加哥学派"的代表人物大卫·里斯曼所言："在印刷术的世界里，信息是思想的火药。"这时候信息和思想已经开始作为一种文化，深深影响着社会以及人类文明的发展。在印刷时代，人们也开始从口口相传的听觉系统延伸转向视觉系统延伸，从而让信息的载体摆脱了本能，进入了一个技术传播的新时代。

第三节 后印刷时代：形象承载信息

当印刷时代的风潮不断推动人类传播史向前发展时，科技的发展又带来了新的信息载体，包括广播、电视以及后来出现的各种综合性的网络媒介。

首先出场的是广播。顾名思义，人们通过广播可以听到跟真人一样的声音，而电视不仅能听到真人发声，而且还能看到现场感极强的真实画面。与印刷时代让人骄傲的各种纸类媒介不同的是，前者只能通过文字唤起人们的记忆或者想象，而后者则可以直接展现给读者真实的声音画面。很显然，这是一种新生事物，给人们带来全新的体验。

可以说，广播电视的兴起让人们体验到了更强的现场感和画面感，也让信息承载的方式更趋向于多元化，而不仅仅是面对面的口口相传或者文字印刷品。

美国传播学者哈特把传播媒介分为三类：

1）示现的媒介系统。即面对面传递信息的媒介，如口语和表情、动作、眼神等非语言符号，是由人体感官或器官本身来执行功能的媒介系统。传收双方都不需使用机器。

2）再现的媒介系统。包括绘画、文字、印刷和摄影等。传方需使用机器。

3）机器媒介系统。包括电信、电话、唱片、电影、广播、电视、计算机通信等。传收双方都需使用机器。

这三类媒介系统与人类社会文明发展过程中经历的三个时代是息息相关的，也是一种文明的延续与文化的传承。当我们从机器轰鸣、散发着油墨芬芳的印刷时代走出来时，已迈入了一个新时代。

广播的普及让信息传播的速度更加迅捷，其对象广泛，功能多样，具有很强的感染力。不过其缺点是"只闻其声，未见其貌"，听众只能根据声音来想象画面，且广播一瞬即逝，顺序收听，听众既不能选择，也没有足够的时间去思考。若是语言不通，那么收听起来就更加困难。

于是，一种比广播更为"先进"的方式开始悄悄占领市场——电视。据资料显示，至 1948 年年底，美国的电视台由二战时仅有的 6 家骤增至 41 家，电视接收机（即电视机）的产量达到了 100 万台。到了 1964 年，彩色电视机在美国畅销，当年就销售了 124 万台，这个数量几乎是过去整整十年的总和。而仅仅两年之后，美国的彩色电视机总数就超过了 1000 万台。

在电视上，我们需要传播的信息主要是通过图片、影像等视觉的形象出现的。在这里需要说明的一点是，电视虽然也有声音，但它并不属于面对面的口口相传，因为传收双方都需要使用机器。电视承载信息的方式是形象，而不是语言和文字，人类已经开始从"文字时代"转向"形象时代"。

威廉·霍华德·塔夫脱（William Howard Taft）是美国的第 27 任总统。他虽然能言善辩，但是多种疾病缠身，不仅患有严重的嗜睡病，而且体重达300 磅。

我们或许很难想象，有着这样一种外形的人是如何被推上总统候选人位置的。

很庆幸，塔夫脱总统竞选的时候，正处在广播媒介辉煌的时候。他大可以在广播上进行公众演讲，毕竟在广播上听得到声音却看不到演讲者的体型。不过到了电视机普及之后，这些形象不好的候选人难免会被淹没在其余竞争对手中。毕竟，到了这个时候，一个人的形象开始影响他的思想和在演讲中的逻辑。

不过，电视的出现并没有让我们真正过渡到形象时代，新闻和知识在传播的时候，主要还是依靠印刷品，形象时代真正来临是以互联网技术的发展为基础的。

我们现在使用的电脑、手机和平板电脑以及各种服务器、中间件经突破了传统媒介的概念。它是最具包容性的媒介，其承载方式包括文字、图片、声音和影像。尽管在初期仍是以文字和图片为主，但现在我们几乎所有的人都能感受到：这种媒介正在向以图片、声音和视频影像为主的方向发展。原先以文本以及图像承载和传播信息的具体方式逐渐发生了改变，不再依赖于传统的印刷方式，而是偏向于应用机器媒介系统，以一种"现场感十足的"、"虚拟的"、"可编辑的"方式进行传播。

纵观人类社会文明发展的传播过程中的五次革命，我们可以了解到，传播技术的发展促成了信息承载体的改变。现在人们每天接收信息的载体很少是书本报纸，而是手机、平板电脑、电脑，而信息呈现的方式也不再是单调的文字，而是生气蓬勃的交互式多媒体。我们能从这些交互式多媒体中感受到信息的即时性，看到音乐、图片、文字、影音、声音、色彩等多种体现的形式。

我们正凭借第五次传播革命进入一个形象媒介的时代。

在形象时代，人们更善于用图像语言表达感受，思考和行动的节奏也都比以往快。如今 90 后做工作报告更喜欢用图来表达，下图是腾讯月刊中的一篇文章。它体现了年轻人的不同思维方式。他们不喜欢写满文字的 Word 文档，而更倾向于使用各种结构图或者表格。

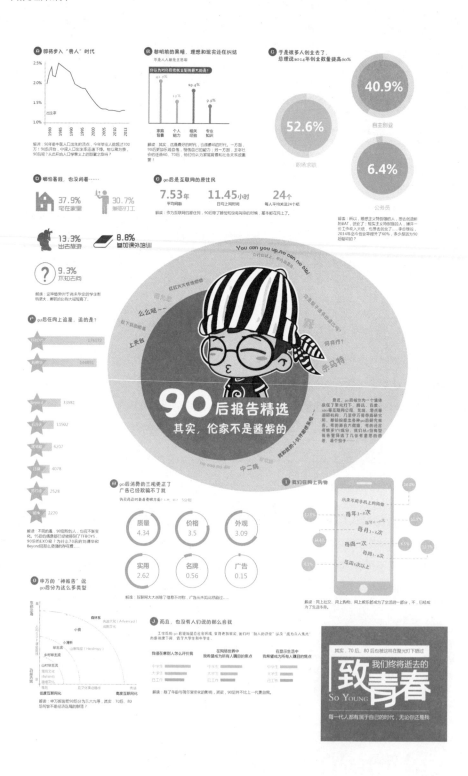

我们确实能感受到图表的简单清晰和一目了然，并且能在视觉上感到轻松和舒适。

此外，随着网络带宽的增加、智能终端的增多和内容生产的扩大、提升，网络视频越来越得到普及。据中国互联网络信息中心（CNNIC）发布的第 34 次中国互联网络发展状况统计报告显示，截至 2014 年 6 月，中国网络视频用户规模达 4.39 亿，较 2013 年年底增加 1057 万人。网络视频用户使用率为 69.4%。其中，手机视频用户规模为 2.94 亿，与 2013 年年底相比增长了 4709 万人，增长率为 19.1%。

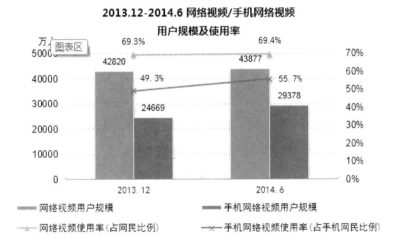

资料来源：CNIC 中国互联网络发展状态统计调查

90 后的成长环境中伴着电视、电脑、智能手机、PAD，从小每天接触的都是形象的内容，所以他们处理图片和处理视频的意愿远远超过处理文字的意愿。而由于不断受到音乐、视频、绘画、色彩等一切高科技东西的刺激，他们的右脑变得越来越发达，也会产生一系列影响。当然，这是后话，我们将在下篇中论述。

第六章

科技改变信息传递效率：
从 1 到 N 传递到 N² 传递

20 世纪 70 年代，美国一个名叫洛伦兹的气象学家在解释空气系统理论时说，亚马逊雨林一只蝴蝶翅膀偶尔振动，也许就会引起两周后美国得克萨斯州的一场龙卷风。这就是所谓的"蝴蝶效应"。它是指：初始条件十分微小的变化经过不断放大，对未来状态会造成极其巨大的差别。如果万事万物都是单线条的联系，这样的效应也许很难发生，但是，如果在普遍联系的混沌状态下，事物的传播就可能导致意想不到的结果。

随着媒介的延伸和信息承载方式的进步，信息传递的效率也在飞速提升。随着电话、电视、微博、微信等技术应用的接替出现，信息传递的速度、广度、维度，都在发生着令人惊叹的变化。

电话的发明是第一个节点，1 对 1 的信息传播更加便捷；电视广播的发明是第二个节点，1 对 N 的传播得以实现；互联网技术的发明，则是信息传递效率通向 N^2 的重要节点。从诞生之日起，互联网就是按照"包交换"的方式构建的，互联网不是树状的层次化结构，而是平等节点连接成的网络。这样的技术特点使信息传播的节点可以无限增多，信息通路可以无限增多，随之，信息爆炸的时代来临，地球真正成为了一个村落。

互联网达到了真正的全球化，全世界的网民都可以通过互联网无差别地实现信息传播和信息接收。作为"N"的一份子，每一个人接收的信息更多，同时还成为了信息的传播者。之前影响力非常微弱的个人，也可以通过一些信息发送，一夜之间成为全世界关注的焦点。

由于互联网全球化的特征，互联网信息传递的 N 足够大，能够达到几十亿，这也就让信息传递的效率达到了史无前例的高度。信息的传递正从"1 到 N 的传递效率"延伸到"N^2 传递效率"。

第一节　新技术实现 N 对 N 的传播模式

电话的出现是人类通信技术发展中的一个里程碑，远隔千里的人，能够在极短时间内联系到对方并传递信息。不过，通过电话进行的信息传递是典型的 1 对 1 信息传递模式，传递效率只能是 1。

广播电视技术发展之后，信息传递效率有了很大提升，同一个节目会有 N 个人在收听或者收看。但是这种传递是单向的，而且人们很难把广播电视节目中的信息再完完整整地通过口述形式传递给其他人，所以，这时候信息传递的效率是 N。

互联网的出现，使 N 对 N 的信息传播模式得以实现，信息传递在技术发展的支撑下遵照麦特卡尔夫定律发展。

我们所讨论的无限的计算和带宽，究竟有多大的效益？以太网的发明人鲍勃·麦特卡尔夫（Bob Metcalfe）告诉我们：网络价值同网络用户数量的平方成正比（即 N 个连接能创造 N^2 的效益）。

也就是说，如果从 100 人用计算机增加到 10 000 人用计算机，人数增加 100 倍。但现在如果将这些计算机连成一个网络，在网络上，每一个人可以看到所有其他人的内容，100 人每人能看到 100 人的内容，所以效率是 10 000。而 10000 人每人能看到 10000 人的内容，效率就是 100000000！

一个有 1000 万用户的公司与一个有 100 万用户的公司的网络价值差别不是 10 倍，而是 100 倍。

根据麦特卡尔夫定律，互联网的成长速度比电视快 4 倍，比收音机要快 12 倍，这样的增长效率与旧经济是不可同日而语的！[一]

互联网的信息传递效率远远高于传统媒介，但是，"万人上网，亿份效益"并不是在互联网普及伊始就实现的，基于互联网的很多应用技术的发明，才使得信息传递效率有了明显的提高。

在中国，真正让个人具备信息传播能力的是微博，微博的转发机制极大地提高了信息传递效率。当一个人看到了某个信息之后，可以通过转发的方式让更多人看到，传递效率开始向 N^2 效应接近。微博流行之后，也显示了其在信息传播中具备的能量。

2013 年 1 月 1 日，公安部颁布新规，闯黄灯要被扣六分。这是超过一亿私车拥有量，超过两亿机动车驾驶人的国度的黄灯。新规实施的早高峰刚过，网络上就开始浪潮般涌出关于黄灯的悲喜剧。那天，带有"黄灯"标签的微博，始终排在热门搜索首位。新浪微博仅 1 月 1 日一天，有关黄灯的微博多达近十万条。网友在微博上传

　　⊖　李开复《与未来同行》第 129 页。

的因黄灯急停发生追尾事故的有一百多起。网络产生的力量，让这一天有关黄灯的故事，成为全中国人的共同话题……

互联网汇聚的声音瞬间吸引了举国上下的注意力，也迅速从街头路口汇聚到国家决策层。1 月 6 日，新通知下发，对目前违反黄灯信号的以教育警示为主，暂不予以处罚。从新规出台到下发通知修订，仅仅相隔五天。[⊖]

信息的急速传播，让民意在短时间内聚集，具备了影响政府决策层的能量。实现这一点的，正是当下信息传递的新媒介——微博，微博的出现，让信息传递的效率迅速提高，N 对 N 的信息传播初步得以实现。

不过，微博的即时聊天功能弱，社交关系强度弱，账号开通和操作便捷度不够，活跃用户数量也比较少，信息传递仍旧具有局限性。

微信出现之后，N^2 效应真正出现了。朋友间的聊天，让微信具有很强的黏性，积累了巨大的用户群；公众账号，引入了聊天之外的优良信息源；朋友圈的一键转发功能，又让被朋友筛选过的信息很方便地进行多度传播，信息传递变成了典型 N 对 N 交织的网络传播，再加上微信活跃用户更多，N 变得更大，每一个 N 的一份子成为传播中心，把信息传播到超出原来范围之外的 N 中去，使 N 呈几何级数增长，从这个意义上说，N^2 传递效率在微信上第一次真正得以实现。

第二节 去中心化、无边界的媒介传播形态形成

以微博和微信为主的网络传播应用技术，融合了传统媒体传播（1 对 N）和人际传播（1 对 1）的信息传播特征，形成一种散布型网状传播结构，也改变了原来的媒介传播形态。与传统信息传播方式中 N 的可预料性不同，微博和微信的传播没有固定的边界。比如现在有 A、B、C 三人，他们互为社交网站上的好友，各自又有 50 个好友。当 A 把某个新闻传播给 B、C 之后，信息不会局限于他们三个人之间。B 和 C 可能会将新闻传递出去，很快，上百人知道了。他们知道之后，会进一步传播。如果有人看到新闻之后，没有继续传播，他就成为了这条信息的一个边界。但是，没有人可以预测会有多少人参与传播，所以说，互联网的信息传播是没有固定边界的，并不是

⊖ 《互联网时代》第 4 集。

在固定组织内传播，其开放性注定了其传播组织可以不断扩张。

之所以出现这样的现象，是因为互联网的信息传播没有绝对的中心，无论是微博大V还是微信公众号，都不能算作传播中心。在电视广播时代，新闻媒体或者公共团体发出新闻之后，以其为中心的受众比较固定。当互联网去中心化之后，信息的传递是扁平的，每个人都可以传递，中心数量不固定，受众数量也就无法固定。

不确定的组织边界使互联网时代的信息传递的"N"具有无限可能，具有爆炸性的消息，具有传播价值的信息，其传播范围可以超乎人们的想象，可以做到在短时间内无人不知无人不晓。

微博和微信的转发机制，也加深了信息传播的深度，信息传播度数变大了。传播度数指的是信息被多次传播时候的次数，毫无疑问，相对于一度传播而言，多度传播信息传递效率更高。

多度传播指的是信息经过一次传递之后，其受众再一次将获得的信息传递出去。我们将信息从信息源传递到节点的过程称为一次传播。如果一次传播之后，节点将信息内容再次传播出去，称为二次传播。在数学中，我们更习惯于将次称为度，因此，传播的过程可以称为一度传播、二度传播，直至N度传播。

多度传播的一个例子是互联网上会时不时地形成一些"网络热词"或者"网络段子"。有些词汇在逻辑上可能是讲不通的，但由于多度传播，渐渐约定俗成，成为很多人采用的提法。比如2013年有几个网络热词，包括："不明觉厉"、"人艰不拆"、"秀下限"、"火钳刘明"、"我和小伙伴们都惊呆了"，等等。

微博和微信中也会出现一些转发次数非常多的文章，有的小短文甚至会被转发几十万次。

网民充分发挥了信息多度传播节点的作用，他们在收到信息之后，马上进行转发或者评论，信息就以他们为中心，再一次扩散开来，每一个人都成为了互联网信息传递中的一环。比如以前我们看到好的文章，大都是一些报刊杂志编辑精心筛选的，或者是由著名作家推荐的。现在，我们看到的好文章，大都来自身边朋友的转发，我们接收信息的直接途径可以是每一个普通的人，而不再是一些信息传播中心。

另外，在多度传播的同时，信息传递的互动性也在提高，每一个人在将信息传递出去的同时，还能够接收到反馈信息。

N² 传递效率就这样在去中心化、无边界的社会化媒介传播中形成了，它进一步加剧了信息爆炸的速度！

第七章

科技改变信息含量：从经验时代到大数据时代

　　"一花一世界"，这或许是人们在经验时代认识世界的真实写照——先贤们高深莫测的哲思背后，也一定程度上反映了当时信息获取的困难。在信息收集、储存以及传播技术落后的情况下，人们无法快速获取海量信息，只能在信息之海中捡拾一些贝壳，并根据自己的经验，通过提炼和逻辑推理，构思整片大海。我们将这样的通过采样分析和经验总结认知世界的时代，称作是"经验时代"。

　　在经验时代，由于数据采样的随机性不确定，每个人的经验不同，逻辑思维方式不同，得出的结果经常会出现偏差，为了避免这种偏差，我们不得不尽量精确计算，尽量找出因果关系的逻辑，这些便成了经验时代的特征。

　　互联网时代来临，人类收集信息、储存信息和传播信息的技术有了极大提高，海量信息汹涌而至，我们似乎能窥见整片大海了。随之，我们认知这个世界的固有思维受到了前所未有的冲击。当所有的数据展现在我们眼前，我们不需要采样分析，甚至不需要逻辑推理，结果就会清晰展示在我们面前，我们认知世界的方式将会前所未有地全面。

　　科技极大地拓深了信息的含量，我们正从经验时代走向大数据时代。

第一节　经验时代：每个人都是摸象的盲人

我们都学过盲人摸象的故事。

6个盲人摸大象，有一个人摸到象鼻子，说大象怎么是一条很长的水管啊？！有一个人摸着象牙，说大象是一个又大又粗又光滑的大萝卜；摸到象耳朵的人说，大象是一个大蒲扇；摸到腿的人说这是一根柱子；摸到尾巴的人说这是一根草绳；摸到身体的人说这是一面墙。

在这个故事里，每个人都犯了以偏概全的错误，都只接触到了整体的一部分，却试图以部分来识全貌。

在互联网时代以前，人们由于技术和能力的原因，只能通过采样的方式获取信息，这种采样就像是摸象的盲人一样，这个世界就是我们所摸的大象。

采样获得的信息，是经过提炼的信息，它被浓缩成知识、规律或观念，然后用各种方式传承和传播，这是那种条件下的有效方式。

但是，按照这种方式进行传播，后人或旁人得到的只是提炼、浓缩后的信息，人们只能根据每个人自己过去的经验，结合自己的理解补充进一些细节，以还原信息的全貌。可想而知，这样的还原是不能再现原始情景，甚至可能得出完全不同的方向的。比如：在同样教育环境中教授的知识与文化，不同的学员会有不同的感受和不同的理解。

提炼和浓缩是单向的，从原始情景可以提炼和浓缩出知识、规律和观念，反过来则不行。

在经验时代，人们认知社会，实质上都是通过片面的信息、片面的经验推论全局的，每个人都是摸象的盲人。

第二节　大数据时代：信息量从样本变为全息信息

经验时代，人们盲人摸象的举动是无奈之举，因为互联网出现之前以及出现之初的几十年内，计算和存储技术落后，存储数据的成本非常高，人们无法收集、存储大量信息。例如：20 世纪 90 年代末个人电脑刚刚起步的时候，512MB 硬盘的电脑可以卖到近万元。在那个年代，这样的价格是普通家庭难以接受的。再往前 50 年，机械硬盘刚刚起步的时候，其内存是以 KB 来计算的。

从几十 KB 到 1GB，人类就耗费了三十余年，当时人们的数据存储代价可见一斑。不过，存储设备技术基本上按照摩尔定律在飞速发展，硬盘存储技术，从 1GB 到 6000GB（6TB）仅用了 20 年。现在，1TB 硬盘电脑的价格，一般人都可以负担得起。

计算和存储成本高的时候，人们会尽可能节省存储空间，采集的数据在处理完之后就删除了。比如说买机票的数据：某一天全国各个航班的机票价格，卖出的数量，这些就是一套数据。但是这套数据只会保存很短时间，季度统计之后，这一天的数据就会被认为是垃圾。今天，数据处理成本极低，所以我们把所有的数据采集、存储起来，存储到一定数量之后，人们就可以利用这些完整的历史数据进行预测，预测未来某一天票价会上涨还是回落。

随着信息存储成本降低，我们已经在通往大数据时代的路上，那么，大数据时代的信息呈现是怎么样的呢？

维克托·迈尔·舍恩伯格所著的《大数据时代》是国外大数据研究的经典之作，维克托认为，大数据时代，人们处理数据的方式从抽样分析发展为对全体数据的分析。相应的，人们的思维模式也从原来的因果逻辑思维，逐渐演变成相关思维。

全息信息数据采集技术

随着科技的发展，信息采集的方式也发生了变化，经验时代的信息采集方式为采样，现在则采集全体信息。以图像采集技术发展为例：

市面上很多智能手机自带相机的像素已经达到上千万，专业摄影设备则轻松超过 2000 万像素，也就是说，我们照出来的照片越来越清晰了。但是，不管像素多高，我们在拍摄一张照片时，通常只能从一个角度用一种焦距拍摄。

2011 年 10 月 20 日，一款新型照相机让人眼前一亮，Lytro 公司发布了号称拥有革命性拍照技术的"光场相机"。这个相机能够采集到景物某个场景下某个瞬间的不同焦距的全部影像，人们事后在所得照片上随意改变焦点，移动视角，就能看到景物的每一处细节。

如上左图，如果想看后面的人，可以调一下焦点，后面的人便是清楚的。如上右图，如果想看图片里的花，花便是清楚的。这样的照片就是全息照片的雏形。当然，它离全息照片还有一定的差距。这样的照片只是拉伸焦距，无法改变角度，如果是全息照片，我们可以从照片下方看，从上方看，也可以旋转，就像我们处在当时的场景中一样。

今天，不仅是图像信息采集的技术发展了，人类各个方面信息采集的技术都有了很大进步，很多时候，我们可以采集的是更接近全体的信息，而不是采样。这样的话，采样分析的很多缺陷（比如随机性不够或者人为偏见）就可以避免，信息分析的结果就更加可信，更加有效。

苹果公司的传奇总裁史蒂夫·乔布斯总是能够走在时代前端，即使在与胰腺癌斗争的时候，他也采取了非常特别的方式。

普通癌症患者在接受治疗的时候，医生会对其 DNA 和肿瘤 DNA 进行采样分析，然后按照分析结果用药。乔布斯则支付了几十万美元的费用，成为世界上第一个对自身所有 DNA 和肿瘤 DNA 进行排序的人。因此，乔布斯得到的不是一个只有一系列标记的样本，而是他的整个基因排序数据。

全数据分析能够帮助医生更加精确地用药，对此，乔布斯说："我要么是第一个运用这种方式（大数据分析）战胜癌症的人，要么是最后一个因这种方式死于癌症的人。"最终，这位传奇人物仍旧没有战胜癌症，但是，这样的治疗方式帮他延长了好几年生命，为未来的大数据分析治疗癌症带来了一线曙光。

数据采集技术进步带来的颠覆和进步已经初见端倪，我们正在逐渐丢弃传统的采样分析方法，用新的眼光来认知世界。当看到的信息更加全面，当这个世界越来越完整地呈现在我们眼前的时候，受到冲击的不只是人的眼睛，还包括人的内心。样本数据的分析方法和全体数据的分析方法不同，相应的，人们的思维方式也发生了改变。

思维方式的改变——从因果关系到相关关系

根据全体数据进行分析预测的时候，数据很少会是简单的线性关系，绝大多数是杂乱的复杂关系，因为我们对于数据的观测不是处在平面上，而是立体的。比如以往分析个人的信用额，基本上是依靠个人信用卡刷卡记录，刷卡记录只是一个人的一点，或者说一个侧面。根据刷卡记录，必须通过因果分析的方法，得出一个人的信用额度。今天，通过大数据，我们能够更加全面地收集到个人方方面面的数据记录，比如聊天的记录，游戏的记录，上网的记录，刷卡的记录，当所有的记录全部呈现出来的时候，个人信用报告就是全方位的、立体的。

从线性数据到立体数据之后，变化的不仅是数据的量和维度，人们看待数据之间的关系的方式也会发生变化，从因果逻辑变成了相关关系。

比如：专家教授在讲课培训的时候，会将自己的经验讲述给听众。演讲者演讲的过程，其实是根据他们的认知和经验进行逻辑推理的过程，传达理论的时候存在前因后果。因果关系思维正是经验时代典型的思维方式，是在采样环境下提炼信息的逻辑。

大数据时代能找到因果关系最好，但通常找到相关关系就足够了。事实上，经验时代我们推理出来的因果关系只是我们认为的因果，本质上未必是因果，很可能两件事只是相关关系。而在大数据时代，我们更注重数据的全面性，所谓全面，不只是量大，维度也要多，据此就可以找到曾经认为不相关的东西的关联性。

现在，我们上网购物的时候，选中某件商品之后，网站下方会向我们推荐相关商品，比如"猜你喜欢"或者"买此商品的人还曾经买了这些商品"。这样的推荐系统就是网站根据销售的大数据，找出了商品之间的关联性。

商品推荐系统是亚马逊首创的。在这个系统诞生之前，亚马逊聘请了一个由书评家和编辑组成的团队，这个团队撰写书评、推荐新书，创立了"亚马逊之声"这一板块，这个板块也在很长时间帮助亚马逊建立了竞争优势。

后来，亚马逊公司创始人及总裁贝索斯发现，通过书评团队推荐书籍非常繁杂，成本太高。他产生了一个创造性的想法，即根据客户之前的购物喜好为他们推荐书籍。这个想法产生之后，亚马逊尝试了很多不同的解决方案，最终，1998 年，格雷格·林登和他的同事研发了协同过滤技术"item-to-item"，依托这个技术的亚马逊数据推荐系统逐渐完善。

今天，亚马逊三分之一书的销量来自于这种推荐系统。当然，原来的书评团队早就解散了。

现在亚马逊的推荐模式在电子商务领域，以及互联网其他领域已经非常普遍。比如：我们今天在某个网站阅读了一篇文章，网站会向我们推荐相关的其他文章。这些推荐都是计算机数据处理的结果，计算机并不知道事物之间的因果关系，但是通过数据处理，找到了其中的相关关系。大数据时代的关联分析不仅仅是在推荐系统方面，还体现在信息预测上。

安大略理工大学的卡罗琳·麦格雷戈博士和一支研究队伍与 IBM 以及一些医院合作，用一个软件来收集病人的即时信息（心率、呼吸、体温以及血氧含量等），通过大数据分析来对病人的病情进行诊断。在新生儿案例上，大数据检测得到了和医生相反的结论。一般医生认为：对于早产儿来说，病情恶化前的疼痛是全面感染的征兆。大数据检测的结果是：当早产儿体征表现正常的时候，是下一次风暴即将来临的前兆。

因果逻辑与大数据的关联逻辑存在很大差别，这也是很多企业决策失误的原因之一，企业家和经理们做决策的依据是自己的认知，用原有的经验在预测未来行业的方向。当这个世界突然要发生转变的时候，他们如果没有与之相对应的经验，决策的时候就极有可能犯错。

在经验时代，当所有人都在盲人摸象的时候，企业之间比拼的是决策者的头脑和思维。当进入大数据时代，仅仅有思维和头脑已经不够了，因为有人已经站在大数据顶端，全面地看到了整头大象，只知道埋头工作不知道抬头看方向的企业，是要被淘汰的。如今企业在做经营决策时不能再依靠经验模式，而是要用大数据分析的方式来进行。

第三节　大数据时代的经营

"数据已经渗透到当今每一个行业和业务职能领域，成为重要的生产因素。人们对于海量数据的挖掘和运用，预示着新一波生产率增长和消费者盈余浪潮的到来。"麦肯锡最早提出了"大数据时代"的概念，确实，大数据正在改变我们的生活和思维方式，也成为了新服务、新商业、新经营的源泉，成为很多政客、企业家进行决策的分析依据。

互联网时代，网络会记录每个人浏览网页的痕迹，通过对用户浏览痕迹的分析，就能准确找到每个用户的关注点，通过对大量用户关注点的汇总，企业就能够获得大量有效的资料，用于制定经营策略。

通过全面的数据分析，企业的分析和经营会更加有效、便捷、准确、全面，会产生更富创意的结果，就像国内大数据企业 AdTime 曾提出的理念：大数据营销，所见即所得，大数据以及无处不在的智能化，能让每个人所能看得到的地方都存在营销与传播。更完善的分析模式将带来更加令人满意的结果，各行各业的领军人物正在引领行业的新风潮。

奥巴马团队的大数据战术

奥巴马竞选团队是利用大数据的一个典范。美国总统竞选的时候，候选人背后会有智囊团，智囊团由很多选举专家构成，这个专家团队为候选人出谋划策。但奥巴马参与总统竞选的时候，除了智囊团之外，还有一个数据分析团队。

奥巴马的数据分析团队每天把网上的用户从 1000 多个纬度进行数据分析，每天进行 6.6 万次的模拟选举。通过模拟选举，他们能够推知哪些州是奥巴马的坚定支持者，哪些州是奥巴马的坚定反对者，还有哪些州是摇摆州。分析结果出来之后，摇摆州的选民就是他们需要争取的。这还不够，接下来他们会进一步分析出摇摆州里最有影响力的两个人，如果取得这两个人的支持，信任这两个人的那些人也就都会支持奥巴马。有一次，通过数据网络，他们发现某个州的两个"影响力人物"总是会到一个不知名的网站上发言。于是，奥巴马就到这个网站上做了一次演讲，这个州的支持率很快就上去了，这个州的很多人马上变成了奥巴马的拥护者。

另外，数据团队还能分析出奥巴马每次演讲完了之后什么人会离开他，他们甚至知道奥巴马的夫人春天去演讲拉票效果远远好过秋天。所以奥巴马其实在竞选的过程中完全用了大数据分析，而所有这些信息都不是传统的选举专家所能获得的。这些优势是帮助奥巴马取得竞选成功的重要因素。

大数据与影视剧的联姻

2014 年 10 月 7 日，《中国好声音》第三季落下帷幕。张碧晨凭借其在"巅峰之夜"的出色发挥，荣获第三季冠军。与以往的电视节目不同，《中国好声音》第三季在博得收视率的同时，也成为了网络热点。统计数据显示，《中国好声音》一跃成为决赛当天最热话题，占据了搜狗微信搜索 10 大热搜词榜首的位置，在新浪微博上同样闯进热门话题前 5 位。

《中国好声音》第三季有这么高的关注度，一个很重要的原因就是节目制作组借助网络平台，通过大数据分析，抓住了人们的关注点。《中国好声音》第三季的网络独家播放媒体是腾讯视频，两者的深度合作，使得节目组可以通过腾讯平台获得大数据的支持。

比如，通过对相关微信公众号文章进行分析可以发现，学员唱功、比赛结果、音乐人评价、娱乐八卦、内幕揭秘等热点资讯和花边信息，占相关文章总量近 8 成，这些是大家最关注和感兴趣的内容。那么，这些内容就可以作为产品的卖点。业内人士也指出，移动互联网时代，微博、微信等社交平台能够在短时间内显示出一系列热点数据，这些大数据可以作为影视节目制作的指导。

通过对网络大数据进行解读，不仅可以从中了解年轻用户群体的关注与兴趣点，探索如何更好地满足这一群体的需求，还可以参考大数据，设置微信公众号内容，进一步提升关注度。例如：除比赛本身外，大家会对其中的八卦爆料、选手个性、背后故事等非常关注。那么，公众号就可以将这些内容作为重点，有针对性地发布广播内容。

传统的影视节目制作的时候，无论是节目形式还是角色选定，大都是依靠调研公司的调研或者编剧导演的经验认知。虽然这样的制作流程能保证影视节目的严谨性，但是这种制作方式缺乏时效性，难以适应市场的快速变化。大数据技术可以解决时效性的问题，而且能够通过互动，使制作方时刻注意到观众的兴趣喜好，及时优化节目，尽可能满足更多观众的口味。

《中国好声音》的成功，只是大数据与影视节目结合的一次试水，其令人惊喜的效果也预示着大数据与影视节目联姻的美好前景。大数据分析，能够让网民意志影响到节目进程和角色选择，这样一来，普通观众会获得一种参与感。而参与感和互动，正是互联网时代生产和消费模式的重要特点。

当大数据与影视剧联姻的大幕拉开，影视产业还会带给我们很多惊喜，同时，也给传统影视企业敲响了警钟——当别人通过大数据研究的方法涉足影视时，之前埋头做事的方式是否可行，就值得深思了。

孩子王——有温度的数据

专业从事孕婴童商品一站式购物与服务的"孩子王"2009 年开设第一家旗舰店，此后短短 5 年时间，这家公司已经布局了 9 个省份，开设了近 70 家门店，拥有 200 万会员。

"孩子王"的发展速度，是很多传统零售公司难以想象的，孩子王的数据分析模式，正是造成这种差距的原因。孩子王在经营过程中充分运用了大数据分析模式，其数据库无所不包，只要是孩子王的客户，小孩一个月喝多少克奶粉，每天需要用几块尿布，他们都一清二楚。"让数据有'温度'"是孩子王进行数据分析的理念，他们更注重收集消费者最真实的想法，通过深度挖掘，在消费者两次需求之间，提前投放广告，创造满足客户需求的销售机会。

比如：如果顾客买了二阶段奶粉，那就一定需要买大号纸尿裤。孩子王可以知道哪些顾客买了二阶段的奶粉，却没有买大号纸尿裤，那么，孩子王在一周之内就会向这些顾客赠送用于购买纸尿裤的优惠券。并且，这样的优惠券是由厂商提供的，孩子王不需要太大的投入。顾客们用了优惠或免费送的纸尿裤后，就有可能建立起对这个品牌的追随。这种营销就是精准营销。

毫无疑问，精准定向的广告投放不仅更加有效，还会让用户感到贴心。与之相比，传统的宣传单轰炸的方式则显得没有人情味，效率也低。这正是孩子王在短时间内创造出同类传统公司难以想象业绩的重要原因，孩子王的飞速发展，是大数据经营的又一次成功展示。

现在唯一需要考虑的是：大数据经营完全普及的时代，会以多快的速度到来？

第四节　数据资产成为企业核心竞争力

网络技术的一波波冲击，为用户终端设备提供了稳定的网络；软硬件技术的不断进步，让人们手中的终端设备拥有了更多的功能；各种应用技术的快速发展，为用户提供了更多的数据出入口。总之，各方面技术的进步，让各种数据涌动在人与人之间，成为了这个时代的主流。

独立企业数据集成软件提供商 Informatica 的主席兼首席执行官苏哈比·阿巴斯认为：现在的信息时代唯一最有价值的资产就是数据。要更好地了解客户需要分析数据；提高企业运营效率需要分析数据；提升业务灵活度需要分析数据；进行业务的合规也需要分析数据。

大数据之所以被寄予厚望，是因为大数据在引起一场商业和技术的革命，其本身逐渐成为了现代企业的核心竞争力。

已经有很多企业踏上挖掘数据价值的旅程，使用大数据来提供更加个性化的客户体验，并通过新的沟通渠道、根据客户的习惯和表达态度，预测每个客户正在寻找什么。通过有效地管理大数据，企业能获益良多，例如加强客户关系、增加交叉销售和追加销售，以及预测客户消费习惯和趋势，获得第一手资料。大数据是提升客户忠诚度的绝好机会，这对于保险业和电信业等行业尤为重要。

昔日数码巨头索尼的创始人出井伸之说了一段发人深省的话，算是给出了索尼衰落的根本原因："新一代基于互联网 DNA 的企业的核心能力在于利用新模式和新技术，更加贴近消费者、深刻理解需求、高效分析信息并做出预判，所有传统的产品公司都只能沦为这种新型用户平台级公司的附庸，其衰落不是管理能扭转的。"⊖

传统行业难以获得大数据，因而不能最大限度地贴近消费者，不能分析出消费者的需求。当互联网企业与消费者打成一片时，传统行业的衰落就成了必然。

当数据成为资产，数据相关的 IT 部门将从"成本中心"转向"利润中心"。数据渗透各个行业，渐渐成为企业战略资产。有些公司的数据相对于其他公司更多，使他们拥有更多获取数据潜在价值的可能。例如互联网领域与金融领域。数据的规模、活性，以及收集、运用数据的能力，将决定企业的核心竞争力。掌控数据就可以深入洞察市场，从而做出快速而精准的应对策略，这意味着巨大的投资回报。大数据时代，数据已经成为企业的重要资产，甚至是核心资产，数据资产及数据专业处理能力将成为企业的核心竞争力⊖。

当然，数据资产的价值绝不仅仅在于其能够使企业更加贴近消费者，这只是数据最基本的用途和数据资产价值的冰山一角。数据还有很多潜在用途，比如：Farecast 运用机票销售数据来预测未来机票价格；谷歌通过关键词的重复搜索次数来预测流感；麦格雷戈博士运用大数据来检测婴儿的生命体征，借以预防传染病……数据的重要性超出我们的认知，其潜在用途会在未来慢慢被发现。

数据资产不仅价值高，其优点还有很多。首先，数据资产易于调用，可以根据相关关系迅速产生数据流。其次，随着技术发展，数据存储成本非常低，企业不需要在存储方面投入太多资金。最后，数据的价值具有可持续性，不会像物质产品一样，随着使用次数增加而减少。

⊖ 引自《互联网思维独孤九剑》。
⊖ 引自《互联网思维独孤九剑》。

正是由于价值极高，使用方便，数据资产成了产业兴衰的关键因素，大型互联网公司如谷歌、亚马逊、Facebook 等，凭借雄厚的数据资产不断膨胀，极大地威胁着传统产业。

谷歌之所以打破微软垄断，依仗的就是其世界上最大的网页数据库。Facebook崛起的原因也很简单，那就是 Facebook 拥有世界上最多的人们的关系数据。亚马逊则拥有世界上最大的商品电子目录。这三个拥有大规模数据库的公司，恰恰是互联网企业排名前四位中的三位。

可以预知，数据资产在未来很长时间内会越来越受到重视，在收集数据、存储数据、利用数据方面领先的企业，会迅速拉开自己与竞争者之间的距离。而在数据上落后的企业，其实是技术和观念上的双重滞后，后面的路会越来越难走。

第八章

科技改变信息传递结果：从不透明到透明

电视、计算机、智能手机以及 PAD 的出现使信息承载的方式从以文字为主变成了以形象为主；微博和微信等应用技术的发展使信息传递的效率从 1 到 N 变为 N^2；信息采集、存储技术的发展使信息分析的量从样本提炼的经验时代走向全息全量的大数据时代。

承载方式、传递效率和信息量的改变，也引起了信息传递方向和信息传递结果的改变。我们正从信息不透明的时代走向信息透明的时代，每一个人都变得透明了。

与此同时，信息的壁垒被打破了，信息的门槛被夷平了。晚辈可以接触到原本由长辈把持的信息，甚至接触到超越了长辈掌控的信息。于是，信息传递方向改变了，人类由前喻文化慢慢转向后喻文化[一]，老一辈人面临挑战。同时，人与信息之间、人与人之间的连接更加高效，个人的能量也被点燃，个人与企业之间的关系也逐渐反转，企业的服务理念面临转型。

文化传承方式的改变、企业服务理念的转换、个人隐私安全的挑战、信息透明化带来的一切改变都需要人们在短时间内做出应对。

从不透明到透明是信息传递结果的改变，而推动这种变化的正是科技的进步。

第一节　技术推动信息透明

信息的公开化

互联网是人类知识沉淀的宝库。在互联网时代，信息越来越趋向于公开、免费与共享，出现了类似维基百科、百度百科这样的网络百科全书。

维基百科（Wikipedia）是一个基于 Wiki 技术的全球性多语言百科全书协作计划，同时也是一部用不同语言写成的网络百科全书，其目标及宗旨是为全人类提供免费的百科全书——用他们所选择的语言书写而成的、一个动态的、可自由访问和编辑的全球性知识体系。

[一]　前喻文化、并喻文化、后喻文化的概念是美国女人类学家玛格丽特·米德（1901—1978）在其《文化与承诺》一书中提出来的。

维基百科于 2001 年 1 月 15 日正式成立，由维基媒体基金会负责维持，截至 2014 年 7 月 2 日，维基百科条目数第一的英文维基百科已有 454 万个词条。全球 282 种语言的独立运作版本共突破 2100 万个词条，总登记用户也超过 3200 万人，而总编辑次数更是超过了 12 亿次。大部分页面都可以由任何人使用浏览器进行阅览和修改，英文维基百科的普及也促成了其他计划，例如维基新闻、维基教科书等的产生。虽然所有人都可对其编辑的特性导致其内容准确性引起争议，但维基百科有它自己的方式以使内容尽量趋向准确，比如强制让文章包含更翔实的参考文献，禁止未注册的编辑者创建新条目等。

中文维基百科于 2002 年 10 月 24 日正式成立，截至 2011 年 4 月，中文维基百科拥有 35 万个词条，此外还有其他汉语系语言维基百科，包括：闽南语维基百科、粤语维基百科、文言文维基百科、吴语维基百科、闽东语维基百科、赣语维基百科、客家语维基百科等，它们皆是众多不同语言的维基百科的成员。

百度百科则是由百度公司推出的一部网络百科全书，其正式版在 2008 年 4 月 21 日发布。它也强调用户的参与和奉献精神，汇聚着上亿用户的智慧，以供用户交流和分享。百度百科目前已有 1016 万个词条，512 万个用户。

维基百科和百度百科是人人都可以参与编辑的百科全书，使人类的知识共享达到了前所未有的地步。无限小、无限多的人和知识点汇聚在一起造就了不断扩展的知识宝库。众包、众筹等新的协作法不断汇聚出微小个体创造的奇迹。如果大不列颠百科全书象征着文字时代的知识集大成者，以及知识的坚硬壁垒（一般人很难有能力买得起这样贵重的书籍，即使买得起也很难去阅读和查阅这样厚重的书籍），那么维基百科和百度百科这样的互联网百科全书则代表着一个知识公开化时代的到来。知识在某种程度上越来越不是稀缺资源，它变得透明而且是随时可以获得的。

维基百科吸纳的内容无所不包，或许它过于强调了开放性和共享性，最近还闹出了一些纠纷。

据英国《镜报》报道，摄影师大卫·斯莱特在去印度尼西亚的一次旅途中偶遇一只濒临灭绝的猿猴，谁知猿猴将相机抢走后开始不断地按快门自拍，并且每张照片都面带微笑。

大卫称："当看到这些猿猴的自拍照时我惊呆了，它能把全世界的人都逗笑。"这组照片在各大报纸与网站上迅速走红，就连维基百科也使用了这组照片。

但令人不可思议的是，当大卫试图要求维基百科撤掉照片，将版权归还给他时，维基百科负责人却表示："这组照片是猿猴自己拍的，所以版权应该属于猿猴。"

在这个透明的信息化时代，不但每一个人，甚至连人类的近亲——猿猴，都能便捷地将自己的情绪分享给全世界每一个角落的其他人。

随着网络视频技术的发展，又有了一股免费网络教育的趋势，它将知识与信息的免费分享与透明化推向另一个高潮。

大型开放式网络课程（Massive Open Online Courses，简称MOOC）自2012年以来日益受到瞩目，因此人们将2012年称为大型开放式网络课程元年。在2012年，美国的顶尖大学陆续设立网络学习平台，在网上提供免费课程，Coursera、Udacity、edX三大课程提供商的兴起给更多学生提供了系统学习的可能。这三大平台的课程全部针对高等教育，并且像真正的大学一样，有一套自己的学习和管理系统。最重要的是，它们的课程都是免费的。

以Coursera公司为例，这家公司原本已和包括美国哥伦比亚大学、普林斯顿大学等全球33所学府合作，2013年2月，公司宣布又有另外29所大学加入它们的阵容。

如果说"信息"也包括权力体系顶端——各种政府内部的保密材料，那么无疑这种信息是最难获取和公开的。但互联网的世界无奇不有，即使在这方面，依然有激进的尝试者。维基解密（和维基百科团队无关）就是一个专门公开来自匿名来源和网络泄露的文档，试图让组织、企业、政府在阳光下运作的无国界、非盈利的互联网媒体。

维基解密网站成立于2006年12月，朱利安·保罗·阿桑奇通常被视为创建者、主编和总监。维基解密发布了大量隐秘资料，它披露的一些资料都像炸弹一样给世界引起了轩然大波。早期发布的文档包括美国军队在阿富汗战争中的装备购置和保养支出，以及其在肯尼亚的腐败事件等。2010 年维基解密先后发布了美国空军飞行员在巴格达攻击及杀死包括数名伊拉克记者在内的无辜平民的视频和大量阿富汗战争文档。2011 年 4 月，维基解密又公布了与关押在关塔那摩海湾拘留中心的囚犯有关的 779 份机密文档。

维基解密网站宣称它们的目标是："把重要新闻和信息带给公众……我们最重要的事情是与新闻故事并肩，发布来自信息源头的第一手资料以使读者和史学家看到真相存在的证据。"2010 年 5 月，《纽约每日新闻报》将它列为"彻底改变新闻界的网站"中的第一名。

维基解密应该算是促进世界透明化的一块"疯狂的石头"。信息已被打破垄断，它们沉淀在了互联网这个最大的信息库中，只要互联网延伸到哪里，哪里就有更平等的教育机会和成长机会。

信息获取途径便捷化

搜索技术的发展让人们查询知识的手段变得极为便利。

笔者有收藏资料的习惯且有很强的资料收藏能力。在遇到问题后，第一步是寻找自己之前的资料储备，第二步才是找人来帮助。

可是，现在的年轻人遇到问题后的第一反应往往是上网搜索。他们的资料来源是互联网，且远远大于笔者的收藏，而且还在以无法想象的速度不断地增长。

2011 年 7 月 15 日，美国《科学》杂志发表的一篇报告称，相关研究表明，谷歌等搜索引擎的出现改变了我们学习和记忆信息的方式。哥伦比亚大学的心理学家贝齐·斯帕罗和同事进行了一系列实验后得出结论：人们会忘记自己能在网上找到的信息，而记住自己认为无法在网上找到的信息。研究也发现，人们更容易记住在互联网的何处能找到这些信息，而不是记住信息内容本身。

当然，搜索引擎带来的最大变化是使人们所需的信息变得唾手可得。人们一边搜索，一边学习，人的知识量以比以往更快的速度积累和增长。

互联网来到中国以后，由于网上的信息已经相当丰富，但还没有达到无所不包的程度，搜索引擎促发了特殊的线上、线下合作的搜索"品类"：人肉搜索，而且这项"技术"影响了我们的社会生活。

人肉搜索最著名的案例之一"虐猫事件"：

2006 年 2 月 28 日，一位昵称为"碎玻璃渣子"的网民在网上公布了一组令人发指的虐猫视频截图：一名打扮时髦的中年女性穿着崭新的高跟鞋，不断踩踏小猫并导致小猫死亡。

虐猫帖发布之后，网友震怒了，于是，展开了一次大规模的人肉搜索。有关"虐猫"事件的网址很快被全部公布。紧接着，"虐猫女"的照片也被网友挖了出来，有网友将其做成一张"宇宙通缉令"，让所有网友举报，更有网友表示愿意集资捉拿凶手。

随后，有人找出了最初发布图片的视频网站的注册者真实信息。

仅仅 6 天时间，与"虐猫事件"有关的三个嫌疑人被网友们确定，人肉搜索的威力第一次淋漓尽致地展现出来。此后，网络上出现了多次人肉搜索事件，大都是由令人义愤的网络行为引起的。

但是，随着网络越来越发达，人肉搜索的危险性越来越大，如果泛滥使用，很容易给当事人带来超越正常范围的危害。当被搜索对象的隐私被全部公开，其所要面对的不仅是网络上的谩骂，还包括现实中可能会发生的攻击。而且，一旦被"人肉"到，网民们的愤怒就难以遏制，当事人即使改过，也很难恢复正常生活。

2007 年 12 月 29 日，一名 31 岁女子跳楼自杀。随后，其生前的博客被网友发现，上面记载了她因为"老公出轨"而经历的煎熬。从而针对其丈夫的人肉搜索就此展开，并且一发不可收拾。网民搜索出来"第三者"的真实姓名，以及死者丈夫的工作单位、居住小区等内容，并把他某及家人的姓名、照片、住址等信息公开披露。接下去发生了一连串的事件：被网友骚扰、被迫辞职、其他单位不敢聘用，甚至父母家门口也被贴满恐吓标语……在此案中，网民对未经证实的网络事件发表具有攻击性、煽动性和侮辱性的失实言论，造成当事人及其家人名誉损害；公开当事人及相关人员现实生活中的个人隐私，则侵犯了隐私权。几个月后，死者丈夫走上法庭。法院最终认定侵害名誉权的事实成立，判令相关责任人删除网站上的侵权文章、在其开办的网站上向受害人赔礼道歉并赔偿精神损害抚慰金及公证费共计 5684 元。

不管人肉搜索带来的是正面还是负面的结果，它们能够在短时间迸发那么大的能量全赖于互联网给我们带来的获取信息的便捷途径。

搜索只是在茫茫网络中获取信息的一种途径。随着移动互联网的发展，我们把越来越多的时间放在社交媒体上。除了各种传统媒体纷纷建立微信公共账号、微博认证号方便我们阅读外，微信、微博的互动功能还给我们带来了很大的帮助。比如：在微信的朋友圈中，朋友们会转发或者评论一些重要的新闻或者好的文章，这相当于有人为我们精选了一些信息。

此外，一些新的技术还在促进阅读的个性化和定制化。"今日头条"APP 是一款资讯聚合类应用，是依靠数据挖掘与机器学习来为用户自动推荐信息的工具。它的特点是能根据用户的需求和爱好推送个性化的内容，它的口号是："你关心的，才是头条！"这种新型的客户端也借助智能化手段为用户获取自己需要的信息提供了便利。

从搜索到人肉搜索，到朋友帮助你选择，再到机器智能推荐，人们获得信息的途径越来越便捷。

被监控的世界

就像硬币的两个面一样，信息透明化既有好处也有坏处。信息透明化的另一面就是解构了我们原有的对隐私的认识。

笔者用的是 Android 手机，并安装了腾讯手机管家的软件，通过这个软件打开手机的系统权限（Root 权限）之后，在手机管家的"软件权限管理"功能中看到了：有 20 个软件要读取用户的通讯录内容；有 19 个软件要读取用户的短信记录；有 20 个软件要读取用户的通讯记录；有 21 个软件要读取用户的位置信息；有 33 个软件要读取手机设备的信息；有 17 个软件可以不经用户允许直接打开摄像头；还有 14 个软件可以自由打开通话录音功能……

再进一步查看一个应用都调用什么功能，结果发现"计算器"软件也要读通讯录，实在想不通，"计算器"软件有什么功能需要用到通讯录？

手机本地不安全了，我们就把信息存到厂商宣传的很安全的云存储中吧。

但是，云存储真的可靠吗？2014 年 9 月 1 日，好莱坞艳照事件轰动全球。疑似有黑客攻破了苹果 iCloud 云端系统防护，非法盗取了众多好莱坞女星以及知名运动员、女模的私密照片，并将之公布在互联网上。

由于艳照的主角大都是世界知名人士，因此，多数社交网站尽可能阻止艳照的传播。但是这样的阻止在互联网巨大的传递效率面前显得微不足道，大量艳照在短时间内就流入了亿万网民的端口。此后，每过几天，都会有新的艳照流出，明星大腕们人人自危。

当苹果的云安全被攻破，我们还能相信那些社交网站、网络科技公司的安全系统吗？在互联网时代，无处不在的黑客让我们丧失了几乎所有的隐私，所有人几乎都是在裸奔。

如果随便一个软件都可以拿走你手机里的各种信息，云存储也不会安全，那么我们用手机做的任何事情还有何隐私可言。

在网络上，黑客木马每天的攻击多如牛毛，只是我们一个普通人无法感知到。如：2013 年 12 月 18 日，中国人民银行就遭遇了史上最大的黑客攻击，帮助中国人民银行做防御服务的北京知道创宇信息技术有限公司[⊖]的防御解决方案抵御了数十 G 的大流量攻击，保障了其业务的正常运转，并且依靠云安全防御系统的大数据挖掘分析发现大部分攻击来源于国外。当今网络攻击频发，类似这种的应用案例不胜枚举。

⊖ 北京知道创宇信息技术有限公司是国内最早提出网站安全云监测及云防御的高新企业，致力于提供基于云技术支撑的下一代 Web 安全解决方案。旗下的加速乐网站安全云防御系统（简称：加速乐）是通过在全国各省市部署服务器节点构建而成的一个分布式的安全防御云平台，目前该平台为超过了 65 万个网站提供安全防护服务。

当然，随着科技的发展，传统意义上的隐私受到的威胁远远不止于此，在我们生活工作的方方面面，都可感受到了"被透明"了。

在网络上，我们有时会发现网络比我们还了解自己。

前面已经讲过，大数据改变了商业模式，购物网站可以根据大数据分析准确地向用户推荐商品。这样的改变是良性的，但信息关联模式也带来了隐忧。我们登上很多社交网站之后，网站会通过大数据分析我们的社交链，给我们推送可能认识的好友，应用软件甚至还能够推荐自己都记不清的多年不联系的小学同学。这种好友推荐系统向我们展示出，只要社交网站愿意，它们完全可以分析出我们的大部分信息。那么，如果我们的社交链被黑客获取了呢？如果我们的信息被用于不良用途呢？一切又会怎样。

除了留存在云端的个人信息，人们的日常生活也难以获得可靠的保护了，悬在三万英尺高空的眼睛：卫星，时时刻刻探察着地面上人们的一举一动。

报载，美国匹兹堡市的波林夫妇为了享受宁静惬意的生活，在郊区的富兰克林公园建造了私密住处。他们的房屋处在偏僻的角落，那里绿树掩映、风景美妙，最重要的是，人们几乎注意不到这样的一座房屋。然而，他们的清静生活只持续了两年，谷歌卫星将他们的住处放到了网上。他们的小屋、游泳池、秘密花园都暴露在了亿万网民的视线中。

除了卫星地图，街景地图也催发了新的隐私问题。

2012 年 3 月的一天，中国台湾花莲市一栋二层的住宅中，女主人正在享受自己的休闲时光。由于是在自己的私人住所，她不着寸缕，裸身在屋内转悠，可是她忘了自己的窗帘是拉开的，当她走到窗边的时候，正在马路上采景的谷歌街景车刚好路过。于是，这位女士的裸体被放在了谷歌街景地图中，并永远留在了别人的视线中。

如果说谷歌的卫星地图是大公司的"超级武器"，那么在我们的日常生活中，身边的监控者还有无处不在的各种摄像头。

2014 年 9 月 11 日，齐鲁网发布了这样一则新闻：媒体接到南京幼儿高等师范学校部分同学的反映，9 月开学之后，发现学校新安装了很多摄像头，其中女生宿舍盥洗室旁的摄像头让女生们非常不满。据一些女生介绍，有很多同学为了方便，到盥洗室洗漱的时候只穿很少衣服，还有同学甚至会在盥洗室洗澡。而盥洗室旁边的摄像头可以看到盥洗室里面的情景。此后，校方解释了原因，并承认摄像头安装不当，及时进行了修正。

这件事只是我们所处的这个摄像头密集时代的缩影，观察一下我们的周围，校园里有摄像头、马路上有摄像头、公共交通工具上也有……我们不经意的举动很可能都会被拍下来。越来越多的摄像头就像一双双眼睛，时时刻刻盯着我们。在路上、广场上、车上，我们似乎都没有了隐私，即便是躲进钢筋水泥浇筑的个人领地，我们仍旧需要小心无处不在的"眼睛"。技术的进步给我们带来便捷的同时，也让我们更没有安全感。

新技术的加持有时也增加了我们被监控的程度。在好莱坞影片《碟中谍4》中，特工利用隐形眼镜扫描乘客面孔，最终搜索到目标，从火车站截获了目标文件。随后，这名特工在一条小巷中被迎面走来的女杀手杀害，但是女杀手的信息仍旧被特工的眼镜通过人脸识别分析出来，并发送出去。我们在为这样的情节惊叹的同时，不禁会想象，如果自己也拥有这样的眼镜该多好。事实上，这样的人脸识别技术已经用于社交了，社交网络公司 Facebook 已推出自动识别照片人物的人脸识别技术。但是，这项技术引来的不仅是赞叹，还有忧虑和反对。

指纹识别、声音识别、人脸识别、虹膜识别、基因识别等基于生物识别的技术也是双刃剑，它们既可以成为人们生活中的得力助手，也可能成为黑客攻击的对象。这一领域的技术除了美国等西方国家在开发外，中国的技术也在飞速发展并崭露头角，如：中科院的中科虹霸的虹膜识别技术在迪拜等国家使用，直接用虹膜支付并从 ATM机上付款成为工作生活中的便利方式；北大朗润云的指纹支付技术中的带指纹金融 IC卡、U盾、手机都可以成为便捷支付的方式；微信、科大讯飞的声音识别、人脸识别技术都有良好的使用场景。这些创新一定会用在正义的场景中。

2013 年 6 月，前美国中情局（CIA）职员爱德华·斯诺登爆料称：在过去 6 年间，美国国家安全局和联邦调查局借助微软、谷歌、苹果、雅虎等大型网站的服务器时刻监控美国公民的电子邮件、聊天记录、视频及照片等私密信息。一时间，全球舆论哗然。

虽然我们不愿意，但这些技术和监控都在进一步加速着信息的透明化。

第二节　信息透明化的结果

一个透明化的世界意味着信息的获取变得更为容易。从反面说，个人的隐私更容易被暴露；从正面说，传统社会原本被垄断的或是散落的信息越来越容易被大众所获取和认知。数字时代的媒介也让人们在信息交流方面获得了极大的便利，而当这一切和代际文化结合，就会触发一系列的后果。

从"前喻文化"转向"后喻文化"

信息透明化形成了"后喻文化"。

美国女人类学家玛格丽特·米德在《文化与承诺》一书中将人类的文化传承方式分为前喻文化、并喻文化和后喻文化三种不同类型。"喻"，即通知、晓喻、开导。前喻文化就是前辈晓喻、开导晚辈，晚辈从长辈那里学习知识和经验；并喻文化是指无论是晚辈还是长辈，知识和经验的传递都发生在同辈人之间；后喻文化则是指晚辈反过来开导和晓谕长辈。

人类社会发展初期，社会处在前喻文化中。在原始社会，人类社会发展缓慢，部落群体按照前辈的生活经验代代相传，日复一日，年复一年。毫无疑问，年长者的经验和见识最多，他们也就成了群体中的权威。晚辈们所接触的、经历的都不会超过长辈们的认知范围，因此，他们只能照搬长辈们的经验和知识，传承长辈们的思想观念。

前喻文化的基础是人类的生活方式稳定、极少变化，少数阅历深的年长者就是年轻一代的楷模。如果稳定被打破、变化多，前喻文化的根基也就随之动摇。

玛格丽特·米德将前喻文化到后喻文化的转变之因归结为自然灾害、外来侵略和全球一体化。

面对翻涌的互联网浪潮，面对急速变化的社会，年长者由于既定经验和知识的限制，难以迅速适应。晚辈们，特别是 90 后，不需要任何转变就接受了一切，这是因为他们就是在互联网的影响下成长的。

互联网不仅颠覆了我们的社会认知，也带来了信息大爆炸，让我们走向了信息透明化的时代。今天，即使年龄很小的孩子，只要能够接触计算机和手机，就能够从中获得大量的信息。他们一个月所接触的信息量可能比 66 后或者 79 后在同样年龄阶段一年接触的信息量都要多。父母说什么他们都未必完全信，因为他们可能已经养成习惯，只要不懂，马上就去网上搜。父母脑中储存的知识与互联网上的知识比起来，无疑是九牛一毛。

这也造成了如今老师非常难当的现象，很多老师就是传播一些强行记忆的知识点，而网上到处都是，同时知识点背后的故事比他讲得还清晰。随便搜出几个知识点看完了，可能得到的信息就超越了老师讲的内容。这个时代进入了后喻时代，后喻文化传播到电子设备之后，知识开始从年轻一代向年长一代传递。

今天我们有充足的食物，有海量信息。这些充足的食物让小孩的大脑发育更健全，海量信息让他们变得越来越聪明。信息传递到今天真的给我们这些在小信息时代成长起来的人带来了太多困惑。

现在的小孩一两岁就看电视，不用看书，通过电视获取知识的门槛远远低于看书读文字。过去小孩会逼着爸爸妈妈讲故事，因为看不懂文字，今天他们会跟父母要求看动画片，反而不喜欢听他们讲故事，因为动画片比父母讲得更生动，而且画面又有美感。等他们再长大些，就该上网了。原来的文字不再是文化传播的主要途径。

随着互联网的普及，年轻人不仅在信息技术，还在文化消费和娱乐方式等方面影响父母，出现了"孩子教父母"、"文化反哺"现象。学生能够对教师进行"文化反哺"，特别是在数字技术、流行文化、时尚休闲等方面具有明显的话语权。于是，在互联网时代，前喻文化向后喻文化的演变更加迅疾。

"毁三观"的年轻人

信息透明化打破了信息传递的门槛，长辈的权威被打破，他们的"三观"被年轻一代毁掉了。

事实上，在文字出现的时候，老人的权威就已经受到了第一次挑战，因为年轻一代在认识文字之后，已经可以得到部分超过年长者的知识。年轻一代对老一代的尊重就已经开始淡漠了一些，因为即使不听老人的口述，看书也能达到类似的效果。不过，在文字时代，人们生活的环境是以地理边界为区域的，生活圈中最有影响力的依然是老人，所以老人的权威仍旧存在，只不过慢慢有了并喻文化的特征。文字带来的改变是微弱的，总体而言，年长者的阅读量和知识储备要高于年轻一代。

老一代人的权威受到的第二次挑战是电视的普及。电视普及之后，小孩两三岁的时候就可以看到电视，他们获得知识的门槛远远低于看书、读文字的时代。因此电视的普及打破了文字的门槛。

不过，比起互联网技术传递的信息浪潮，前两次挑战都显得比较微弱。首先，互联网中的信息量远远超过了文字时代和电视时代。其次，互联网的检索功能能够帮助晚辈很容易就得到他们想要的信息，他们不再需要求助于长辈。今天依靠信息不对称而存在的职业越来越难以生存下去。

信息透明化给人们生活带来的变化不一而足，对年轻人来说还有一点：网络时代打破了性神秘。

当信息获得的门槛越来越低，通向成人世界最后的门槛——性神秘也被打破了。网络上的各种性知识以及色情信息使互联网时代的小孩很早就获得了大量与性有关的信息，性，再也不神秘了。

例如：现在年轻人之间流行的网络用语、热词往往跟性器官相关。

很多年轻人聚会时聊的话题、玩的游戏也大都跟性相关。不仅小范围的年轻人聚会是这样，互联网企业年会甚至都向着"无节操"的方向发展。

看到这些种种变化，老一辈人会认为这一代年轻人的行为连基本的"三观"都没有。事实上，站在老一辈人的角度来看，他们确实毁了"三观"。但毁的不是年轻人的"三观"，而是老一辈人的"三观"。年轻一代的"三观"本来就是像他们所表现的那样，他们的三观没有毁掉，只是与老一辈的不同而已。

确实，当老一代人的性神秘和知识权威都被打破，年轻一代为什么还要传承老一代人的世界观、人生观、价值观？他们的世界是不一样的。

这就是信息传递的结果，从信息不透明向信息透明转变，传统的权威受到挑战，规则被打破。人类社会正在快速走向后喻文化，年轻人正在建立自己的新世界与新规则。

顾客真能成为上帝吗？

信息透明同样影响着企业与用户之间的关系。

信息传递的效率和量的变化不仅改变了传统的文化传喻的方向，也颠覆了原有的信息结构，企业和消费者之间的信息不对称也被打破了。

传统企业常喊的一句口号是"顾客就是上帝"。可惜在现实中，顾客真的是上帝吗？顾客购买产品之后，发现问题而得不到满意处理结果的现象很普遍。

互联网时代到来之前，每一个个人消费者都是相对孤立的，其获取、传播信息和对抗能力与企业相比不值一提。因此，个人对抗企业，总是会以完败收场。这样的强弱对比，使得企业不会真正重视消费者的感受，他们会打着"为人民服务"的旗号，实际做着"为人民币服务"的事情。我们不得不接受的是：作为孤立的个人，消费者没有什么有效的解决办法，顾客很生气，可是无处发泄、无能为力。

今天，这种情景发生了转变。随着信息的透明化，随着社交工具的进步，个人能够以极快的速度形成一个整体，一个足以令企业个人关系发生反转的整体。QQ月活跃用户8.29亿，微信月活跃用户4.38亿，新浪微博月活跃用户1.5亿，这些庞大的数字背后，是无数可以随时集结的个人。信息逐渐透明化，消费者们也形成了分享意识，出现一个骗子或者一个服务恶劣的企业，消费者就会将通过社交网络其曝光，很快，千千万万的消费者加入，并对此信息进行扩散，面对这么庞大的群体，企业相比变得渺小了。单个用户向社会化消费者转变的过程见下图。

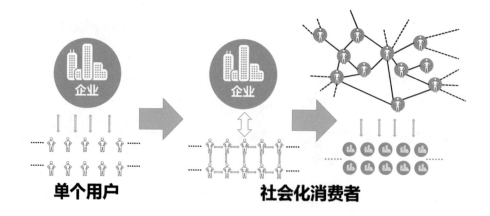

现在的电商评论模式将原来无关系的用户联系到了一起，用户们可以拧成一股绳跟企业交涉。当用户买了不满意的产品，如果企业不处理，用户就到网上写差评。人们已经养成了这样的习惯：在网上购物之前，不看广告看差评，看完差评还要问一问周边的朋友，了解他们用后的感受好评，人们不见得相信，但差评一定相信，差评对企业的影响非常大。

今天，竞争越来越激烈，产品开始过剩。与此同时，用户的关系网越来越大，网上的评论越来越多。当几千万用户联系在一起的时候企业就显得渺小了，在这种对抗和博弈的过程中企业开始变弱。时代在变换，现在企业想要发展，必须以"为人民服务"为基本出发点，在服务的过程中挣合理的服务费用，否则很快就在社会竞争中被淘汰。

隐忧：无法遗忘的时代到来了

数据云技术给人类收集、存储信息带来了极大方便。英国伦敦政治经济学院学者阿莱克斯·克罗托斯基说："我认为现在与过去的一个不同是互联网不会忘记信息，你可以非常容易地找到一个人的所有信息，在某种程度上，想成为私家侦探是非常容易的，因为每个人的信息就在那儿，这对社会而言是有意思的演变。"

这确实是有意思的演变，数据存储能力的提升让人们拥有了永不消失的海量信息，这些信息能够带给人类巨大的便捷和利益。由于所有的数据都被永久备份，我们在分析数据时再也不用采样了，对于这个世界的记录也将会更加完整地留存。在互联网时代，无论是个人的生平记录，还是人类的历史记录，都正在逐步建立之中，其在未来一定是空前完整的。

在现实世界中，人们是健忘的，因为生活中总是有各种事件不停地发生。不管是什么事情，对当事人有多大的影响，事情发生了一段时间过后，人们会逐渐忘记这个事件。

数据云带来的永久备份时代不仅为人类带来了巨大的红利，也引发了新的担忧。人们的一切都将被永久记录，再也难以抹去了，这也包括一些污点。

米歇尔是美国的一位普通教师，她在年少时非常叛逆，曾吸食过大麻，由于一时糊涂，她还偷窃过东西。

随着年龄的增长，米歇尔为自己曾经的行为感到懊悔，她也彻底丢弃了那些不良行为，成为了一名教师。回想自己的过去，米歇尔非常感慨，她在20岁的时候专门写了一本书，以此反思自己年少时候的叛逆往事。这本书写完之后，米歇尔将其上传到网上。

十几年过去了，米歇尔都快要忘记这本书的时候，他的同事将其挖了出来，并把她劣迹斑斑的过去在公司中宣扬。很快，米歇尔就失去了稳定的工作。此后，每过一段时间，这段往事都会给米歇尔带来困扰，她被迫一直处于辗转求职的状态。偶尔的少不更事被永久性地记录下来，成了伴随米歇尔一生的丑陋烙印。

网络的发展剥夺了人们的"被遗忘权"，我们的一切都被保存起来。永不消失的数据在给人们带来便捷的同时，也带来了深深的苦恼。

美国《新闻周刊》编辑丹尼尔·格罗斯说："当我还是个孩子的时候，可以说愚蠢的话，做愚蠢的事，没有人会知道，也不会被保存下来，但现在你做的每件事情，你在脸谱、Twitter上的这些动作都会被永远地记录下来。"

《大数据时代》作者维克托说："'遗忘'在我们的社会中发挥着极其重要的作用，我们的头脑非常聪明，我们忘掉最多的是在当下与我们不再有关联的事情，随着我们原谅某些人，原谅他们的过失，同时也开始遗忘他们的过失……但随着我们进入一个'无法遗忘'的时代，我们也许会进入一个'无法原谅'的社会，这非常令人担心。"

事实上，在更多网民的呼吁以及政府的敦促下，一些互联网巨头已经开始重视人们的"被遗忘权"：

北京时间2014年6月26日，谷歌宣布，已经开始根据欧盟最高法院的裁定在搜索结果中删除一些特定内容，给予用户"被遗忘权"。欧盟最高法院2014年5月裁定，允许用户从搜索引擎结果页面中删除自己的名字或者相关的历史事件，即执行所谓的"被遗忘的权利"。根据该裁定，用户可以要求搜索引擎在搜索结果中隐藏特定条目。谷歌称，工程师们加班加点地对技术架构进行了调整，从而执行欧盟的这一裁定。对于应用户要求而删除的内容，谷歌已经通过电子邮件通知了用户。然而，目前谷歌只处理了一少部分的用户请求，但在6月中旬它曾表示已收到约5万个请求。

谷歌发言人称："从本周起，我们已经开始采取措施，按收到的请求进行了信息删除。对于我们而言，这是一项新任务，需要对每一个用户请求尽快进行评估。"任何个人提交的请求必须指定他们希望删除的链接，以及删除的理由，这些理由必须让谷歌内部审查小组满意。对于那些通过审核的请求，谷歌将在 28 个欧盟成员国的谷歌网站搜索结果中删除相关链接[⊖]。

事实上，人们非常关注信息的删除和"被遗忘权"。2012 年秋天，一个新的社交应用在美国大学生之间开始流行。很多美国年轻人都在用一个名为 Snapchat 的手机应用进行图片分享社交，这款应用和 Instagram、Digisocial 一样，都是用于分享图片，但是它有一个显著的特点，那就是分享的图片会在十秒内自动删除。

由于这种自动删除功能的存在，很多参与者的压力就会小很多，他们不用担心隐私被泄露，可以轻松地进行分享。一个中国留学生说："Snapchat 相对于 Facebook 来讲更尊重隐私权，毕竟照片只呈现几秒的时间，连让人截图的时间都没有，这种分享的瞬间性让大家更放心。"

由此可见，人们在享受网络带来的便捷的同时，对于"被遗忘权"以及其他隐私权非常重视。那么，我们在储存海量信息、创造数据云的同时，应考虑该怎样以最合适的方式让人们像以前一样，用时间治疗过去。

储存，还是删除？这是一个值得反复考虑的问题。

⊖ 新浪科技 2014 年 6 月 27 日，作者：李明。

媒介延伸，我们也延伸

　　技术不停地更新，媒介不停地延伸，从文字时代延伸到形象时代，从 1 到 N 的传递效率延伸到 N^2 传递效率，从经验时代延伸到大数据时代，从信息不透明时代延伸到信息透明时代。

　　正如马歇尔·麦克卢汉在《理解媒介》一书中描述的一样：一切的技术都是人体的肉体和神经系统增加力量和速度的延伸。电子媒介是人类中枢神经系统的延伸，其余一切媒介（尤其是机械媒介）是人体个别器官的延伸。媒介延伸人体，赋予其力量，却瘫痪了被延伸的肢体。在这个意义上，技术既延伸了人体，又"截除"了人体。增益变成了"截除"，于是，中枢神经系统就阻塞了感知，借此回应"截除"造成的压力和迷乱。

"舍近求远"的现象越来越成为生活的新常态

一切技术都是人的延伸，人们不断地向外延伸，视觉和听觉从身边延伸到了远方，但是这种延伸只是距离的延伸，不是能力的延伸。

手机技术是最重要的人眼、人耳的延伸，它让我们看到、听到人眼、人耳无法接收到的信息，增强了人体的视觉与听觉的功能，让人体功能得到了延伸，同时却瘫痪了被延伸的人眼和人耳的肢体功能。

人眼的处理能力是有限的，要么盯着手机关注远处发生的事情，要么盯着身边的亲人关注身边发生的事情。在现实中，我们常常看到的是：人们盯着手机关注远处发生的事情，却忽略着身边的人。

就像网上流行的一句话："世界上最远的距离莫过于我们坐在一起，而你却在看手机。"

我们超越了空间的限制，能够将交流延伸到很远的地方，同时，又"截断"了和身边人的交流。当这句话成为现实时，多少会有一些悲凉，而这种现象正是延伸了人体功能的同时"截除"了自身功能的体现。

我们的注意力都集中在了通过电子产品延伸出去的面向远方的"眼睛"和"耳朵"上，却忽视了近在身边的自身的眼睛和耳朵。

有这样一则新闻：青岛的一位老人十分想念自己的子女，就挑了个日子把子女叫到家里吃饭。子女们都到了，但是吃饭的时候，大家都不和老人聊天，每一个人都在盯着自己的电子设备。老人忍无可忍，最后掀翻了桌子愤然离席。

互联网在这个时代变得更加开放、更加平等的同时，也给我们带来了很多困惑。

人们通过聊天工具、论坛、网络游戏等网络交往方式相互联系，建立数字世界的社交关系，和从未见过的、远隔千里的人谈天说地、互诉衷肠，在网络上，人们不需要带上虚伪的面具，交流更加直接。但是，网络人际交往的繁荣景象却没有提升人们的幸福感，现代人反而更加孤独了。一项针对美国人社会交际的调查报告显示，现在的美国人比网络普及之前具有更深的孤独感，很多人只是把网络社交当成自己排遣寂寞的工具。然而，数字世界的社交并没有赶走他们的寂寞，反而不断地加深了他们的孤独。这是为什么呢？

英国人类学家罗宾·邓巴研究了互联网时代人类能够维持的交际范围，他发现：任何时候，人们最多能与大约 150 人维持稳定的社交关系。这个研究成果被称为"150 定律"。

罗宾·邓巴认为：决定一个人在现实生活中有多少朋友最重要的因素是时间。我们必须在朋友身上投入时间，才能够获得友谊，如果投入的时间不足，友谊可能会在 6 个月内迅速减退。

尽管如此，很多人在无法保证与朋友们充分交流的情况下，仍旧乐此不疲地增加社交网络上的好友，对此，心理学家称之为"网络社交成瘾症"。我们一边社交成瘾，一边加深孤独。

《群体性孤独》的作者雪莉·图克尔曾说："几年前的美国，人们在遇到紧急情况时，可以打电话给 5 ~ 7 个人求助。4 年前，这个数字减少为 3。现在，人们似乎只能给自己的伴侣或者父母打电话了。很多人甚至连一个真正的朋友都没有。能让我们摆脱孤独的只有真正的朋友，因此，即使一个人有上千个社交网络好友，仍旧会处在孤独之中。

因此，媒介的延伸更多的是距离上的延伸，我们身体的能力并没有延伸，我们从"看身边"变成了"看远方"，舍近求远。原来以近距离的亲属关系所建立的道德关系被打破了，我们现在关注的都是远方的事情，近处的亲情、友谊淡漠了，今天的人更孤独。正是这种孤独导致了现代人害怕面对孤独，人们一直在"赶场"，赶完这个"场"一定去赶另外一个"场"，生怕错过任何一个，在这个"场"上担心错过了那个"场"，于是就一直看手机。

舍近求远的心态让人们赶赴了所有的"场"，但也错过了所有的"场"。

越来越多的人成为"宅"一族

在过去，社会交往活动都是在我们身边进行的，一个人待在家中是无法与别人交往的。

今天，技术的发展允许我们通过延伸出去的眼睛、耳朵去进行社会交往活动，虽然一个人待在家中，但只要有智能手机、联网的计算机等，社交就不会受到任何影响，甚至在任何地方都可进行社交活动。

当足不出户就能进行社会交往活动的时候，很多人就真的足不出户了，"宅男宅女"越来越多，他们握着鼠标、抱着平板电脑、拿着手机，整天待在屋里。"宅"成为了"舍近求远"的典型表象之一。

无可否认，互联网的便捷性可使我们在家中工作、学习，从而节省了很多时间，极大地提高了效率，也能够让我们远离拥挤人群。但是对很多人来说，与"宅"相伴的是生活品质的降低，是身体和心理上的伤害。我们以"宅"的重灾区——大学生为例进行说明：

首先是身体上的伤害。调查显示：将近八成的大学生把课余时间花在网络上，他们每周面对手机或者计算机的时间超过了40小时。泡面成为了很多大学生的首选食品，上网时间又挤压了他们的运动时间。于是，营养不良、肠胃疾病、颈椎病等在大学生中非常常见。

其次是对心理的不良影响。大学生只有不断地与人交往，参与社会实践，才能够塑造健康的心理，完善自我性格，培养交际能力。可是，校园"宅"一族更习惯通过网络与人交际，在数字世界中获得心理满足。时间久了，他们与别人面对面交流的能力大大退化，且越来越封闭，甚至患了上现实世界社交恐惧症。

大学生中"宅"一族的生活方式只是网络对人们生活影响的缩影，事实上，现代人都习惯于把注意力放在数字世界中，而不是自己眼前的人和事。最明显的表现之一就是，现在人们到一个新的地方，常问的一句话是：有 WIFI 吗？密码是什么？

我们越来越依赖网络，网络成为生活第一必需品的同时，也牢牢地绑架了我们。

软硬结合带来改变

"舍近求远"的现象不是我们想看到的。技术和媒介让我们的听觉、视觉和神经延伸到远方，却又"截断"了我们与周围人的联系，这是因为我们的耳朵、眼睛和大脑的生理功能并没有明显进化，我们接收信息的能力没有增强，而只是延伸了人体，所以关注了远方就无法关注身边，只能顾此失彼。

眼睛能不能进化成既能关注远方，又能关注身边的事呢？这个好像已经超过了人类进化的范畴。

那么，我们能不能改造自身，以增强身体的能力呢？这个人们已经在尝试了。

我们有理由相信，只要增强了自我功能，在看远处的时候，可以不忽略近处。电影里已经有很多增强自我功能的概念：皮肤不够坚硬，就想办法让它变得坚硬，比如钢铁侠；拳头不够硬，就将其变成能自我修复的记忆金属，比如金刚狼；我们无法长生不老，就想象出变种，比如吸血鬼。

总之，如果人类的进化不能达到我们的需求，我们就会改造自己。智能可穿戴设备正是这样的尝试。

事实上，现今的可穿戴设备就是朝着增强我们自身硬件的方向发展的，只不过我们才刚刚起步。科技发展的方向一定是软硬结合，且现已看到，软硬结合的创新浪潮正在走向我们。它们联通技术和媒介的能力将对现今时代的人文景象产生深刻的影响。

媒介更新人文

一切科学与人性总是有或多或少的关系。任何学科不论与人性离得多远，它们总是会通过这样或那样的途径回归到人性。

——大卫·休谟（David Hume，1711—1776，英国哲学家、

经济学家和历史学家）

确实，不论是科技的换代，还是媒介的延伸，归根到底都会引起人和社会的变迁。

科技革命让一个新的数字世界成型并不断拓展边界。所有的中国人都不同程度地涉入了这个新的数字世界中，但它对不同年代的人却有着不同的影响。

心理学上有一个说法：每一个大的历史事件将会影响一代人。在中国过去的 50 年中具有巨大影响的历史事件有：1966 年的"文化大革命"、1979 年[⊖]的改革开放、1990 年的下海经商等。因此本书将中国社会的人群粗略地分为 66 前、66 后、79 后和 90 后。

如果把从 1979 年到现在出生的一代人称为"数字土著"，那么在 1966～1978 年出生的人可以被称为"数字移民"，而 1966 年前出生的人则成了不折不扣的"数字难民"——他们对互联网和数字世界最陌生。当然，这个区分是对整个代际而言的，个体则是千变万化的。

正如纪录片《互联网时代》第 6 集《迁徙》所描述的那样："不管是世界还是中国，人类生活的大迁移已经开始，这是从传统社会向互联网数字化时代全面的迁徙，这是一个时代性的课题和不可阻止的人类命运。不论你是不是网民，无论你远离互联网还是沉浸其中，你的身影都在这场伟大的迁徙洪流中。"

随着时代的变迁，我们将会看到"数字土著"们在社会上扮演着越来越重要的角色。

笔者就是一个"数字移民"，在外企工作了十几年，深受外企文化影响，来到腾讯公司工作之后常常拿两种不同的公司文化进行对比。刚加入腾讯公司的时候，有很多事情非常不理解，如，感觉公司内部天天都在评奖和发奖，有双月一评的，也有一季度一评的，还有半年一评的；然后是各事业群的奖项，有月度的、季度的；最后是部门的即时激励奖，就是随时都可能发奖……奖项评完之后，还要大肆宣传，每天不收到几封颁奖的邮件，你都会怀疑是不是发生什么事了。不明就里的我还犯过嘀咕：明明就是工作职责内的事，有些甚至是些微不足道的小事，却还要不厌其烦地奖励，真是多余！还要不要工作了？

三年后我终于理解了，腾讯公司比我更懂年轻人。因为对于现在的年轻一代而言，公司需要用高频率的表扬去满足他们的即时需求，从而不断地激励他们努力工作。

类似的不理解之处还有很多。因为"数字土著"在数字世界中已经建立了他们的人生观、世界观和价值观，而笔者作为一个"数字移民"，肯定需要时间去读懂他们。

接下来我们就试着去了解这些"数字土著"的特性。

⊖　1978 年 12 月 18 日召开的党的十一届三中全会做出了实行改革开放的重大决策，正式开始实施则是 1979 年，这里采用 1979 年作为时间节点是为了与下文的 66 前、66 后、79 后、90 后这一人群分类相呼应。

第九章

媒介更新思维方式：从理性时代到感性时代

购物习惯除了会因年龄而异，也会因性别而不同，比如笔者夫妇的购物习惯：

我是一个典型的有理性思维的人，购物的需求与标准相对稳定。第一，没有明确购物需求，根本不会去商场；第二，若有购物需求，直奔主题，根本不会逛其他的地方；第三，选择标准明确。比如，我去商场买 T 恤衫，要求是：T 恤衫不带图标；有多种颜色；价钱不能超过 200 元。如果符合这些要求，我就会一次性购买同一款的 5、6 个颜色的衣服。优衣库的 T 恤衫就符合我的要求：99 ~ 128 元一件，纯棉的，不带 LOGO，颜色很全。在我看来，不达要求就不买，这就是理性购物。

而我的夫人则是一个完全相反的人，她是感性购物，买东西比较盲目、随性。例如：她去逛商场看到一个意大利进口的羊绒 T 恤衫，原价 1.2 万，一折之后是 1200 元，她觉得很值，就想买下来。她买东西主要看打了几折，有没有赠品。她是用情感、情绪、冲动去决定要不要买，属于典型的感性消费。

这就是感性思维和理性思维的不同。

有人说，互联网是"她"时代；也有人说，现在的人越来越"娘"。其实，不管是"她"，还是"娘"，这些词，准确来讲都在说这个社会更感性了。

"皮尤因特网和美国生活项目"（The Pew Internet American Life Project）的一项调查结果表明：女性喜欢用电子邮件向朋友和家人倾诉心声、讲讲笑话或讨论将要做的事情，喜欢在网上看有关饮食和健康的信息，同时较多地担心因特网犯罪；而男性更喜欢下载在线购物目录，喜欢上网看新闻和金融快报、体育比赛或玩视频游戏等。男人与女人的不同行为在很大方面是由不同的思维模式造成的。人类的生理和心理构造大体决定了女性偏重右脑思考，男性偏向左脑思考。左右脑负责的内容不同，用左脑思考的男性展示出了更多的理性思维，用右脑思考的女性展示出了更多的感性思维。

以下事例也可证明男女有别的观点：据媒体调查研究，以"谷歌"为代表的硅谷男性工程师更加理性，更注重技术的实现。而女性用户在产品选择上更加感性，她们需要的是充满温情的产品，即使界面从男性视角来看是"凌乱"缺乏清晰逻辑的，但只要体验上细腻、丰富和可信赖，就能获取女性用户的喜爱。

今天，受技术发展、媒介延伸的影响，人们变得越来越感性了。尽管我们的左脑时刻提醒着自己不要做出草率的行动和决定，要保持理性。但是，右脑中的"感性细胞"却会使我们冲动地做出直觉性的决定。我们已经从过去的理性时代步入了感性时代。

第一节　感性时代形成的三大推手

感性时代的形成肯定是多方面推动的结果，但至少有三个因素起到了很大的作用。一是技术的"感性"，从电视到电脑，再到现在的智能手机和 PAD，技术在年轻一代人的大脑中种下了感性的种子；二是改革开放 30 多年，技术的发展极大地丰富了中国的社会物资，这为人们提供了感性的土壤；三是各种色彩饱满的图片、煽情的电视节目以及网络视频，这些感性的媒介内容像催化剂一样激发了人们心中的感性元素。

感性的种子——形象展示技术

1924 年，由英国电子工程师约翰·贝尔德发明的第一台电视机面世。

1928 年，美国的 RCA 电视台率先播出了第一套电视片《 Felix The Cat 》，从此，电视机开始了对人类的生活、信息传播和思维方式的改变。人类由此步入了电视时代。

1929 年，美国科学家伊夫斯在纽约和华盛顿之间播送 50 行的彩色电视图像，并发明了彩色电视机。

1933 年，兹沃里金又成功研制了可供电视摄像使用的摄像管和显像管，完成了使电视摄像与显像完全电子化的过程。至此，现代电视系统基本成型。今天电视摄影机和电视接收的成像原理与器具就是根据他的发明改进而来。

在 20 世纪 80 年代，电视机大规模进入中国家庭。最早是 12 英寸[⊖]的黑白电视机，然后是 29 英寸的彩色电视机，再到今天的 49 英寸的液晶电视机……

电视早已在各个地区的家庭中普及。现在几乎每家每户至少有一台电视，甚至有的家庭每间卧室都有一台。地铁、公交车、火车等交通工具上也都慢慢地安装了电视。闲下来时，人们坐着、趴着或躺着，手拿遥控器，想看什么就看什么。朋友相聚的时候，或家里来了客人，大家都习惯性地把电视打开，甚至会选个较为安静的节目，权当背景音乐放着。现代人的生活和电视是密切相关的。

不论使用环境、机器型号、机器尺寸、黑白或彩色的如何变化，电视画面"抓住观众注意力"的原则都没有改变。

电视技术在给我们带来娱乐的同时，也影响着我们的大脑。

⊖　1 英寸 = 25.4 毫米。

人的大脑总共有三层，且人跟动物最本质的区别就是第三层的人脑。第三层的人脑分为左脑和右脑。如下图所示，左脑负责语言、概念、数字、分析、逻辑推理等功能，这些都偏理性；右脑负责音乐、绘画、空间、几何、想象、综合等功能，这些都偏感性。在过去，左脑发达的人整体上占绝大多数，他们的右手比较灵活。右脑发达的人占少数，他们的左手会更加灵活，就是通常所说的左利手，这类人的比例大约为10%。可见，在以前，人类整体上还是偏左脑思维，在左脑的掌控下进行理性思维。

但以电视为代表的视频技术正把人类从理性思维引向感性思维。

电视节目为了抓住观众的注意力，运用了丰富的色彩、闪烁的效果、特写的画面，并配上持续不断的背景音乐，其中的逼真形象是文字时代的人无法想象的，这一切不断地刺激观众的视听神经。但是，电视技术展现的信息都集中在右脑负责的色彩、视觉影像、绘画、音乐等领域中，这些刺激持续地强化右脑的发育，且看电视的时间越长，右脑发育受到的影响越大，尤其是对发育期间的婴儿和儿童而言，他们的大脑更易受影响。

"数字土著"们从小就长期看电视，由于电视对他们右脑的长期刺激，导致右脑的发育比前几代人更好一些，这些小孩会表现出更感性的一面。整个社会的长期累积的效应，可让人们感觉到社会比以前更加感性了，社会由此从理性思维变向感性思维。

另一方面，由于电视画面切换频繁，屏幕上一直有新的东西可看，我们的眼睛根本没有时间休息。然而，视频声光与画面的刺激强化了视觉功能区永久回路的建立，却无法刺激思考区域的发育。思考区域至少需要 5 到 10 秒的时间来处理刺激，但是电视节目每个镜头的平均时间是 3.5 秒。这么快的电视画面切换速度没有为我们提供进入思考状态的时间，我们的思维只能跟着电视画面走，没有思考的机会，因为思考区域根本无法参与。电视节目让人们只是被动地接受信息，而没有经过大脑的思考和想象。

根据上述理论，西方管理学中有一个 6 秒钟法则：当你遇见生气或愤怒的事情时，一定要等 6 秒钟再来做最终处理决定。假如你收到一份令人不悦的邮件，愤怒之下写了一堆回复内容，这个时候先不要急着发出去，可以等 6 秒钟，这样才能运用理性思维进行判断，经过理性思考后再决定是否继续发送这封回复的邮件。

5 到 10 秒是我们大脑进入理性思维的时限，而电视画面平均 3.5 秒的切换时间显然不能使我们转换到理性思维的状态，因此看电视时，我们基本都处于感性思维状态中。

79 后的这一代人小时候正好赶上电视机大规模进入中国社会的历史环境，而 80 年代初期实行的计划生育政策又让这一代中的多数人成为独生子女。家里没有玩伴，家长没有时间照顾，电视机就自然当起了"电子保姆"，如电视剧《西游记》《三毛流浪记》《射雕英雄传》《小龙人》等，动画片《舒克与贝塔》《葫芦娃》《海尔兄弟》《聪明的一休》等，剧中的动作、场景、画面、音乐、色彩等都曾深深地影响了一代人。

90 后的大脑接触视频画面的时间就更长了，小时候是看电视长大的，接着开始看电脑，今天又开始看手机。

还有一个值得关注的现象是 ACG 文化成为他们中不少人热衷的事物。ACG（即 Animation、Comic、Game 的缩写，是动画、漫画、游戏的总称）发源于日本，以网络及其他方式传播。在 ACG 文化中，AcFun 和 BILIBILI 两个弹幕视频网站颇受年轻人的欢迎，它们不仅仅是视频网站，还兼有社区的涵义，也就是说，它们对用户的粘附性较一般的娱乐网站更大。

尼尔·波兹曼在《娱乐至死》一书中写道："在阅读的时候，读者的反应是孤立的，他们只能依靠自己的智力。面对印在纸上的句子，读者看见的是一些冷静的抽象符号，没有美感或归属感。"这是文字时代人的感受。

以电视、视频游戏为代表的视频、影像技术，它们的核心原则是表演艺术，重要的是图像要吸引人，音乐要吸引人；这些技术在"数字土著"的成长过程中强化了他们右脑的发育，并在他们的大脑中种下了感性的种子。

今天，相对于过去文字时代的人，人类已经更加感性了。

感性的土壤——丰富的物质基础

蓝、白、灰是 20 世纪 60 年代和 70 年代中国人服装的三原色，而今天再形容一下中国人的着装，"五彩斑斓"都不能准确地描述，还要再加上"五光十色"、"五花八门"才行。从服装的角度就可以看出中国经济基础的变化，丰富的物质基础正是"感性思维"发芽的绝佳土壤。

每个人的习惯与他生活的时代环境有很大的关系。79 后正好是在中国经济大发展的时代环境下成长起来的。下图是来自百度百科的一组数据，从图中可以看到从 1979 年到 2013 年中国的 GDP 增长曲线是一条完美的抛物线。

经过这 30 多年的高速发展，中国社会的财富已经积累到一定的程度，生产力得到了极大的发展，中国已经成为世界工厂，且购买能力伴随着 GDP 急速提升。

随着抛物线的持续攀升，我们的生活从物质匮乏的时代过渡到了物质过剩的时代。

今天，不管是什么产品，你都可以找到很多的生产厂商，一个品牌倒掉了，还有几十家、上百家的厂商可以提供同样的产品，竞争的结果是产品功能不断同质化、价格与质量也不断同质化。在这样的情况下，决定我们购买产品的重要影响因素变成了产品基本功能之外的感性因素，如：形状、颜色、图案、形象、味道、手感……

美国人亨利的餐馆设在闹市，服务也热情周到，价格便宜，可是前来用餐的人却很少，生意一直不佳。

一天，亨利去请教一位心理学家，那人来餐馆视察了一遍，建议亨利将室内墙壁的红色改成绿色，把白色餐桌改为红色。果然，前来吃饭的人士大增，生意兴隆了起来。

亨利向那位心理学家请教改变色彩的秘密，心理学家解释说："红色使人激动、烦躁，顾客进店后感到心里不安，哪里还想吃饭；而绿色却使人感到安定、宁静。"

亨利忙问："那把餐桌也涂成绿色不更好吗？"

心理学家说："那样，顾客进来就不愿离开了，占着桌子，会影响别人吃饭，而红色的桌子会促使顾客快吃快走。"

色彩变化的结果使饭店里的顾客周转快，从而使食物卖出得多，利润猛增。

色彩对顾客心理会产生影响已经成为人们的共识。

相似的案例还有赠品促销。对于购买者来说，赠品本来不是他消费的主要目的，但是在商业的同质化竞争中，往往一个很小的赠品便决定了消费者选择哪一家的商品。

其实人们依然在关注产品的功能，只是因为每个产品都能满足这个基本需要，从而导致人们在决策时，主要会受感性因素的影响。

从下图可以看出，中国 GDP 从高速增长时期开始逐渐回落为平稳时期。而日本的发展经验告诉我们，经济从高速发展时期走向平稳发展时期时，人们开始更加感性。现今在我们周围发生的事情正再一次验证了这个规律。

资料来源：中国经济网（数据为国家统计局最终核准版的 GDP 增长率）

不是人们不注重理性思维，而是日益丰富的物质生活可以满足人们的基本需求，因此人们不需要再小心谨慎地做事。社会的发展筑高了我们生活品质的底部平台，我们没有了生存的压力感，没有了过去物质缺乏的饥饿感，没有了少了它不行的紧迫感，我们能更加自由地追求自我的喜好，更加愿意跟着感觉走。

我们感性地面对世界，社会就变得更感性了。

感性的催化剂——煽情的媒介

好莱坞大片的成功在于它除了有宏大的场景、冲击视野的画面、扣人心弦的音乐，以及帅哥美女、男女主人公的恩爱情仇之外，最引人注目的还是对人性的刻画。

影片《拯救大兵瑞恩》是美国梦工厂 1998 年出品的一部战争电影，电影描述诺曼底登陆后，瑞恩家 4 名于前线参战的儿子中，除了隶属 101 空降师的小儿子二等兵詹姆斯·瑞恩仍下落不明外，其他 3 个儿子皆已于两周内陆续在各地战死。美国陆军参谋长马歇尔上将得知此事后出于人道考量，特令前线组织一支 8 人小队，在人海茫茫、枪林弹雨中找出生死未卜的二等兵詹姆斯·瑞恩，并将其平安送回后方。影片对战争场面的表现非常逼真，几乎是真实再现了当时战场的血腥景象，被认为是有史以来最逼真的战争片之一。许多"二战"老兵也对影片给予了极高的评价，称它是"最真实反映"二战"的影片"。尤其是片中全长 26 分钟的诺曼底登陆的壮观场面被影迷、军事迷、发烧友奉为宝典，并认为无人可出其右。

而除了逼真的战争场面外，《拯救大兵瑞恩》还深度刻画了人性。8 条生命换回 1 条生命，到底值不值？该不该救？同时，枪林弹雨还在考验每个人"怕不怕"。在影片中，每个人都有纠结，都不是完人，但都有各自的闪光之处。正因为导演对人性的真实刻画，深深地触动了每一位观众。

同样，美国影片《阿甘正传》也以人性打动着人们。虽然有越战、水门事件、摇滚乐运动、乒乓外交等重大历史事件作为故事的发展背景，但主人公阿甘始终是一个普通善良的人。他由于智商低还闹出过许多笑话，但是，他的平凡却让观众们产生了亲切感，他的朴实则触动了每个观众内心深处最基本的善良。

好莱坞的动画片是最典型的煽情媒介，不管是《冰河世纪》中的猛犸象、《快乐的大脚》中的小企鹅马伯，还是《玩具总动员》中的巴斯光年和胡迪、《人猿泰山》中的泰山……每个动画或动物角色都彰显着浓郁的人性色彩，自然也很容易引起人们感性的回应。相比较，中央电视台的文艺节目《艺术人生》及风靡中国的韩剧，虽然也总是能"催人泪下"，但总觉得离内心的距离还差很远。人性的触动往往并不等同于眼泪横飞。

近几年，电视上的中国综艺节目的场景越来越豪华，形象越来越逼真，构思越来越奇妙，互动越来越频繁，制作也越来越精美。媒体的内容通过软硬件的包装，越来越能击中观众的泪点和笑点。

在《中国好声音》中，互动成了必不可少的环节。以第一届《中国好声音》为例，刘欢、那英、庾澄庆、杨坤四位导师都是性格偏外向的人，斗嘴但不翻脸，率真而不虚假，且个个风趣诙谐，妙语连珠，给节目增添了很大的观赏性和娱乐性，以至于很多观众说看这个节目其实就是为了看四个评委互相"掐"。而导师与歌手之间的互动则是最容易"煽情"的。由于很多歌手都出身"草根"，生活不易，迈向成功的道路曲折，导师们往往会产生同情之心，也就很难取舍选手，从而产生情感的波折。此外，所有的导师都热爱音乐，他们自己都会被选手的音乐所打动，或欢笑或落泪，而摄像机则会及时把握住他们一丝一毫的表情变化，并把它们呈现给所有电视机前的观众。

这两年风靡中国的综艺节目还有《爸爸去哪儿》，它采取的是纪实性拍摄，没有刻意煽情，也没有理论说教，只是真实地记录和呈现小孩子的天真无邪、无所顾忌的本真，以及他们敢哭、敢说和敢做的自然释放。它让观众看到明星爸爸们是怎样和孩子们相处、互动的。由于亲子情感和如何教育孩子是每一位家长都会思考的问题，这类电视节目自然就吸引了众多的观众。看似随心和真实的情景再现，其实都包含在精心制作的大设计中，这是煽情的最高境界。

现在的媒介大打情感牌、感性牌，极大地促进了社会的感性化。

第二节　感性时代的表象

人们的思维由原来理性明显占优的时代，进入到感性思维主导大局的时代，这在79后的"数字土著"身上表现得更明显。

和前辈们相比，79后表现得更加敏感、独立、自我、热情、奔放、直率。面对一些事物，他们很快就能展现出本能的倾向，然后用习惯已久的方式去面对；他们也喜欢联想、想象，富有创造力，情感敏锐而简单。他们的感性化表现在生活的方方面面，也贯穿于成长的每一个历程。从青少年时期的"叛逆"和成年后的拼劲，再到从业和婚姻中的敢想敢做，他们的人生就是要用"风风火火"去总结，而不是用"平平淡淡"去跟从。他们评价事物的标准和方向都和前几代人不同。

他们对人、对事都呈现出感性化的色彩。他们购买自己喜欢的物品往往毫不含糊——甚至有了为买苹果手机而"卖肾"的夸张传说。他们对人则喜欢直接坦白，即使在网络上交流，也愿意让别人看到自己的表情。

选择的原则：服务体验

第一次进入苹果体验店时，有一个感受让人难忘：那就是 iPad 翻页的真实感。用手指轻轻一摸，那个页面就像真实的纸一样卷了起来，你慢它也慢，你快它也快，页面卷到一半时，手一松它就又回来了。当时那种心动的感觉，至今记忆犹新，脑子里只有一个想法：买。

这就是苹果重视客户产品体验的一个例子。

苹果不愧是一家设计型公司，他们对用户的需求把握精准，这一点苹果体验店就能体现出来。首先，苹果体验店不是苹果专卖店，"体验"两个字已经诠释了苹果对用户需求的理解。其次，体验店的每个商品都是真实的产品，你看到、摸到、触到的是真实产品，体验到的也是真实感受。当然，体验店的风格一看就是苹果的风格，由表及里，统一一致，有着明显而深刻的苹果烙印。

再来看一看手机卖场，环境自然与苹果体验店无法对比，那产品呢？他们还在用手机模型展示。你想买手机却只能看到手机模型，真正的手机是什么样、操作体验如何？你都不知道。凭借一个模型你能准确判断吗？消费者没有零距离地接触和体验产品，手机能卖出去吗？

笔者是一个典型的理性思维的人。尽管很喜欢 iPad 翻页的感觉，但还是有所顾虑：一不玩游戏、二不看视频、三不上网、四不用它看电子书，买个 iPad 回家用它干嘛？可现在的 79 后就不会这么理性地思考了，他们会被 iPad 里的音乐、视频、游戏等立即迷住，冲动之下，只要经济条件允许，多数都会立即购买。

在中国，能做到消费者参与产品服务体验的公司渐渐增多。小米是其中的佼佼者。《参与感——小米口碑营销内部手册》一书中提到：

为了让用户深入参与到产品研发过程中，我们设计了"橙色星期五"的互联网开发模式，核心是 MIUI 团队在论坛与用户互动，系统每周更新。在确保基础功能稳定的基础上，我们把好的或者还不够好的想法，成熟的或者还不够成熟的功能，都坦诚地放在我们的用户面前。每周五的下午，伴随着小米橙色的标志，新一版 MIUI 如约而至。随后，MIUI 会在下周二让用户来提交使用过后的四格体验报告。一开始我们就能收到上万的反馈，发展到现在每期都有十多万用户参与。通过四格报告，可以汇集上周发布的功能中有哪些最受欢迎，哪些还不够好，哪些功能还需完善。

此外，"因为停电被困在黑暗的电梯里，在手机上却找不到手电筒图标。雷总，能不能添加容易找到的手电筒功能呢？"这是一名用户向雷军发出的建议。很快，MIUI 新版本中就添加了手电筒功能，按着最常用的 Home 键，小米手机用户就能打开手机的手电筒。小米公司积极采纳用户建议，真正做到了关注用户体验和中国本土消费者的使用习惯[⊖]。

再看看"雕爷牛腩"餐厅（2012 年成立）的菜单：来自星星的冷汤、三人行必有榴莲、高棉的微笑、春意盎然之金刚葫芦娃等字眼跃然纸上。乍一看，你不得不好奇，这是菜单吗？没错。这些正是菜单上的菜名。可这些菜名又来自哪儿呢？答案是：网民，也就是餐厅顾客。"雕爷牛腩"在创立初期，为了吸引顾客的注意，也为了满足顾客参与体验的需求，便在网上利用微博发出征集菜名的活动，短短几个月就征集到数百个菜名。而这些别出心裁、与众不同的创意正是源于那些顾客。

无独有偶，"黄太吉"也曾有过类似的经历。"黄太吉"开业经营一段时间后，结合销量数据曾经撤掉一道冒菜，可是后来有顾客在网上留言，表示自己十分喜欢那道冒菜，希望以后还能品尝。通过微信，"黄太吉"看到有相同诉求的顾客为数不少，就发了一个"冒菜召回"的信息到微信朋友圈，召回细则如下：

自信息发布起 15 日内完成 999 张"冒教授"专属"召唤券"的认购，"冒教授"将重装强势回归。每张"召唤券"价值 36RMB。召唤成功，凭"召唤券"付款记录可至门店兑换升级版冒菜一份，并赠送非转基因黄豆浆一杯。

果然，十五天内，通过网上购买"召唤券"的顾客远远超过 999 张，"冒教授"版冒菜也再次回归"黄太吉"的餐桌上。其实，大家对这个菜真的那么垂涎欲滴吗？而实际上这就是一个重在参与的实例，顾客要的是这种感觉，这就是感性时代。

从《大脑革命》一书中我们得知："人们的大脑总是渴求新的、激动人心的不同体验。那些寻求刺激的欲望是由大脑的神经传递多巴胺控制的，多巴胺是一种功能强大的脑信，令人们不断想去探索新的环境和体验。"

不要再为"数字土著"追求体验而感到不解，那都是身体机能的一种需求，而且人人都有，只不过有的人释放了，而有的人压抑了。

决策的依据：感性元素

感性时代使人们对产品的关注点发生了极大变化。人们不再死盯着产品的功能，

⊖ 黎万强，《参与感——小米口碑营销内部手册》，中信出版社，2014 年 8 月，第 25/66 页。

而是更在乎其设计是否新颖，是否吸引眼球。这种变化导致了在产品设计中越来越注重感性元素，越来越讲求设计感。当然，这也就促发了新一代品牌产品追求更多感性元素，如形状、颜色、形象、味道、手感……

过去的电子设备都以单一的黑色、白色为主，但是今天你会看到各种彩色系列的电子设备，一个小小的手持 WiFi 产品就有多种色彩供你选择。

市场上，有一种用基于新技术的超导材料制作的"55°"杯子[⊖]，能让 100°的热水通过摇一摇在 30 ~ 60s 就降到 55°（见下图），除了功能便捷之外，其造型和色彩也能抓人的情感。

同样，口罩只有带图案才会更好卖。这不仅迎合了当代年轻人的不同喜好，也通过产品颜色带给消费者不同的情感满足。

⊖ 这款叫作"55°"水杯的创意产品是由中国顶尖设计公司洛可可集团生产的，它利用了一种新技术超导材料，其特性在于能快速物理降温并将这种能量维持在恒温 55℃超过 3 个小时，这样的产品可在广泛的场景中使用，如给孩子冲奶粉、医用以及外出旅行等需要迅速控制温度并保持温度的地方，从而帮助人们改变了饮水习惯。

很多互联网公司也非常了解这个道理，下面是两张腾讯大厦办公环境的实景图，这样的工作环境完全匹配年轻人的感性需求。

进入感性时代后，商品不再是以生产成本为标价，而变成了以品味、格调来定价，即品牌。西方的奢侈品就是一个典型的成功案例：难道你真的以为一个 LV 包的造价有十几万吗？其实，LV 卖的不是包，卖的是社会地位。背着这个包意味着社会地位也会因此不同，背后其实是一种情感诉求。

《大脑革命》一书从人脑的构造和运行原理角度对此进行了如下探索：

名流、红人和强大的品牌一直是商品的大卖点，事实上我们的大脑天生就喜爱追求品牌。慕尼黑路德维希马克西米利安大学的克里斯蒂娜·波恩博士和同事采用功能性磁石共振成像扫描研究，结果发现志愿者（30 岁左右）在他们大脑上对知名和不知名品牌产生了不同的反应，大脑中控制正面情绪的额叶——岛叶和前扣带被汽车品牌

"大众"激活，对知名度不高的品牌没有反应，知名度不高的品牌激活了与负面情绪相关的另一个大脑区域——楔前叶[⊖]。

奢侈品迎合了感性思维。相应的限量版更受欢迎，这是一个情感的问题。对于喜欢限量版的人，那双限量版的鞋买回来更多不是用来穿的，而是用来供的，用来秀的。

前面提过的"雕爷牛腩"餐厅正是中国首家"轻奢餐"餐饮品牌。所谓轻奢品牌，既具备最热门的设计元素、堪比大牌奢侈品的品质，但价格又是多数人能负担得起的。"轻奢餐"是介于快餐和豪华餐之间的用餐感受，比低价位的快餐要美味和优雅，又比豪华餐节省时间和金钱。

"雕爷牛腩"餐厅为男性顾客提供了西湖龙井、冻顶乌龙、茉莉香片、云南普洱四种茶水。味道从清到重，颜色从淡到浓，工艺从不发酵、半发酵到全发酵。而女性顾客在餐厅则能同时享受到洛神玫瑰、薰衣草红茶、洋甘菊金莲花三种花茶，分别有美目、纤体和排毒之功效。这些茶水免费，并且无限续杯，会让你感觉很值，一道一道上菜的服务，不断的续杯，免费的小菜，让你在付账时感觉很值，但它的人均价格却并不低。

同时，每一道食物都有故事，这也是这家餐厅所追求的"无一物无来历，无一处无典故"的目标。用餐之后，顾客大多都会在微信朋友圈中留下一堆照片，而且一定会有人追问：这么美，在哪啊？这种在朋友圈中获得的炫耀感也是这家餐厅的重要卖点之一。

今天，就像弗洛伊德所说，"我"有三个层次：本我、自我、超我。同理，"我"有三层需求：本我的生理需求、自我的心理需求、超我的精神需求。

⊖　盖瑞·斯默尔、吉吉·沃根，《大脑革命》，中国人民大学出版社，2009 年 8 月，第 33/76 页。

在过去，由于物质条件的限制，我们被长期挤压在了本我的生理需求空间里，我们特别关注产品的功能满足了什么样的生理需求。可是今天，丰富的物质基础把我们从生理需求空间中释放了出来，产品的基本功能我们仍然关注，它是基本的需求，但它已经无法满足我们全部的需求了，现在我们已进入了自我的心理需求空间，感性元素、心理感受才是让我们买单的刚性需求。

在感性时代中，人与产品的关系是如此，家庭、组织、社会之间的关系也是如此。

直接表达情绪

今天，在微信中随便找一个群，翻看历史聊天记录，常常会从中看到很多用于表达情绪的卡通图像，有时文字信息反而很少。

这就是感性时代的沟通：必须带表情。在非面对面交流中存在一个问题，就是无法看到交流对象的表情，难以用身体语言进行情感交流。聪明的"数字土著"解决了这个问题，他们使用表情图直接传递喜怒哀乐，这个方法甚至超越了面对面的情感交流。面对面交流时我们需要通过观察猜对方的情感，这是一门学问，如果经验不足则猜得未必准确。我们希望看到别人的表情，是因为我们渴望感受他人内心情感，同时，我们也希望让他人感受到自己的情感变化，表情图简单、有效地实现了这种需求。沟通必带表情也就在情理之中了。

加入腾讯公司不久，有一位同事跟我说：徐老师很专业。我问：从什么方面看出来的？她说：你发的即时通信（RTX）⊖、邮件，我们完全看不出来你的情绪。

我心里暗想：这可是我在外企花了十几年才练成的本领啊！

回头一想，这是夸我吗？在"数字土著"的世界里，这是多么大的缺点啊。

今天，我还是不能熟练地运用不同表情，索性就在所有的 RTX 后面都加这个表情😊（笑脸）。

正如大脑控制的在线搜索或回复电子邮件的能力一样，它限定了我们的人性，即自我意识、创造力、社会直觉，并限定同情、信任、罪恶感、爱情、悲伤或其他复杂情感的体验能力。神经学家发现了决定心理状态并让我们感受到人性的神经回路，大脑中一个关键的区域——岛叶决定我们身体的生理状态，并把这种状态转换为主观经验，使我们产生各种行动。而岛叶前部负责把人的身体感觉变成人类情感体验⊜。

由于人们越来越趋向于直接表达，因此需要有工具让人们在网络上表达出喜怒哀乐。这样的需求被商家捕捉到就产生了为各种情绪定制的各式各样的表情。

以前人们会在网络上用文字表达，如"我爱你！"、"我喜欢你！"、"我想你！"等等，而"数字土著"们已经从"文字时代"过渡到"形象时代"，表情图才是他们的语言，这是他们的"菜"。

仅把聊天的内容变成表情图还不够，"数字土著"无法改变自己的长相，但希望他们的头像可以传递要表达的情感，那就改变一个代表他们形象的头像吧。因此"脸萌"⊜应用应时产生。

⊖　腾讯通 RTX（Real Time eXchange）是腾讯公司推出的企业级即时通信平台。企业员工可以轻松地通过服务器所配置的组织架构查找需要进行通信的人员，并采用丰富的沟通方式进行实时沟通。文本消息、文件传输、直接语音会话或者视频的形式能满足不同办公环境下的沟通需求。RTX 着力于帮助企业员工提高工作效率，减少企业内部通信费用和出差频次，使团队和信息工作者进行更加高效的沟通。

⊜　盖瑞·斯默尔、吉吉·沃根，《大脑革命》，中国人民大学出版社，2009 年 8 月，第 109 页。

⊜　"脸萌"（MYOTee）是一款简单有趣的脸部制作软件，用户可以根据帅哥和美女两种性别，选择定制自己的卡通形象。画面温暖，加上简便易于上手的操作，即使不会画画，也可以轻松制作你的专属卡通形象。

强烈的社交需求

近日，易观智库（Enfodesk）联合腾讯QQ发布了《2014中国90后青年调查报告》。报告指出，90后会比以往的任何一代人对友情、爱情、亲情有更强的需求和表达欲望。成长于数字网络时代的他们有着自己独特的表达渠道、表达方式和影响空间。

显然，情感和社交的需求绝不仅限于90后。

城市化、全球化的出现，一方面让人们享受着快捷与先进的沟通，另一方面却让人面临社交淡化和人际关系的疏离。

我们离开了童年生活的小城镇，离开了打闹的小伙伴，离开了熟悉的熟人社会；带着好奇、兴奋，又有一些不安的心开始闯城市的天下。城市里有电梯、电话，马路很宽、车流很大，无穷的魅力吸引着我们靠近它。自强不息的拼搏让我们更加独立，辛苦的努力让我们住进了高楼大厦。忙碌的城市工作、忙碌的城市生活。我们不肯为小事向别人低头，尽量保持着我们的尊严。我们越来越独立，而人们之间的关系却越来越淡化。住在隔壁的十几年邻居，我们一无所知，这是一个陌生人的社会。

但是，人是社会性动物，人们内心对情感的渴求从未间断。这项本能产生了强烈的社交需求，我们尝试着寻找有效的渠道重建我们童年时的熟人社交圈。

微信的月活跃用户达到4.38亿，QQ的月活跃用户达到8.29亿，正是这种需求的真实体现。

移动互联网拉近了我们与童年小伙伴的距离，却发现不同的生活环境已让我们彼此不再熟悉，客套的寒暄之后，就没有了继续下去的共同语言。城市化生活让我们彻底地远离了童年的小城镇，不论是在空间上，还是在心理上。

我们不得不面对陌生人的城市社会，我们更加珍惜周边的同事、朋友。微信的朋友圈一有人发信息，我们就赶紧点赞和评论，这是我们渴望社交的反映。正如微信宣传的一样：微信是一种生活方式。

朋友圈是我们生活的方式，也是我们社交的方式。

我们还在不断地尝试着在陌生人环境下建立新型的社交方式，如"陌陌"等。

随着移动互联网不断向生活进行全触角延伸，未来几年网络社交将会成为社交的核心。

在世界社交网络发展大势下，从全球人口来看，人们花在社交网络上的时间越来越多，在总上网时间中 2010 年社交网络时间占比由 11.6% 上升至 16%，移动终端开始引领社交网络发展[⊖]。

当城市发展的步伐慢下来时，我们又在试图重建童年小城镇的熟人社会的感觉，"社区"的回归成为社交网络之外的另一个社会热词。

社区一词最早是由德国社会学家斐迪南·滕尼斯提出的。他笔下的社区与现今互联网世界中的社区在"形"的方面相差很大，在"神"的方面有很多相似点——社区始终是保持良好人际交往的有效组织。尤其在互联网的便利下，曾经因为经济迅速发展而一度疏远的人际关系，现在再次被拉近。邻里之间、同学之间、远在异地的亲友之间、基于同兴趣的网友之间都可以随时进行网络联系。甚至在某种程度上，互联网建构的社区比以前城市中政府机构建立的社区更能发挥其沟通情感的作用。在城市钢筋水泥的森林中，之前相对隔绝的人通过穿梭在城市中的网线、无线已经再次联系了起来。一个基于互联网的电子大社区正在逐渐攻占世界和人心的每个角落。

社区之所以回归，是因为人们对社交的需求，而更深处就是人们对情感的渴望和感性化。

人们正从关注产品的功能转向关注产品的服务体验、产品的感性元素。人们有着强烈的社交需求，更愿意直接表达自己或是渴望直观地感受他人内心的情感。这一切正如美国前副总统戈尔及白宫行政部门演讲稿撰写人、畅销书作家丹尼尔·平克在《未来等待的人才》一书中论述的："这个世界原本属于一群高喊知识就是力量、重视理性分析的特定族群——会写程序的计算机工程师、专搞诉状的律师和玩弄数字的 MBA。但现在，世界将属于具有高感性能力的另一族群——有创造力、具同理心、能观察趋势，以及为事物赋予意义的人。我们正从一个讲求逻辑与计算效能的信息时代转化为一个重视创新、同理心与整合力的感性时代。"

我们正在走向感性时代……

⊖ 刘德寰、刘向清、崔凯、荆婧等，《手机人的族群与趋势》，机械工业出版社，2012 年 5 月，第 51 页。

第十章

媒介更新时间感：从慢时代到快时代

下图展示的是笔者与一位"数字土著"同事的对话。

对于"数字移民"的我来说，即时通信工具不是最常用的工作沟通工具，我更倾向使用电子邮件进行正式的工作沟通。但是，对于"数字土著"来说，使用即时通信工具已经是他们生活和工作的常态。如果我觉得事情重要，就拿起电话直接沟通；但他们的处理方式不是拨电话，而是发微信、发 RTX。

即时通信完全匹配这个时代的需求，腾讯的成功正是敏锐地抓住了这一点，开发的产品完全适应了这个时代的人性需求。

生活节奏越来越快，"快餐文化"盛行，数字化科技快速发展，信息大爆炸，这一切使得我们由"慢时代"进入"快时代"。慢时代的人更多的是具备文字时代下遵循线性逻辑的理性思维，快时代的人更多的是具备在网页中快速找到关注点、快速选择的直觉和感性思维。

由慢时代到快时代的原因是多方面的，技术和媒介变"快"是决定因素。

第一节　快时代形成的两大原因

科技点燃"快"的火种：视频画面的快速切换

随着数字科技的发展，信息的传输通过数字化的方式进行，传播速度远远超越了纸质媒体的传播速度。这个世界变化得越来越快。

电视技术通过高速连续播放的图片，利用人眼的视觉暂留现象，让彼此孤立的图片形成连续的视频效果。在技术上，电视机播放画面是每秒 25 帧，电影播放机播放画面是每秒 24 帧。

电视节目为了抓住观众的注意力，每个镜头的平均时间是 3.5 秒。这促使大脑以加快信息处理速度的方式来适应。的确，我们的大脑做到了，我们已经习惯了这种信息处理速度，由此我们对时间的感觉发生了变化，对"快"的理解比之前更快了。

前面图中微信的对话正体现了我这个"数字移民"与"数字土著"同事对时间理解的不同。

问了几个习惯用微信等即时通信工具的"数字土著"一个问题：你们认为多长时间内人们的回复算合理？普遍的回答是 10 ~ 15 分钟；90 后的普通回答是"对方正在输入"。

文字时代，我们读书时，从左向右一个字一个字、从上到下一行一行地阅读。

今天，我们阅读的内容变成了以网页为主，形式是文字与图片混杂在一起。我们的浏览方式从逐字逐行变成从杂乱信息中选择重点，我们会在一个页面中快速挑选出吸引我们注意力的内容，我们没有必要阅读所有的内容。

79 后、90 后的"数字土著"很熟悉这样的阅读方式，尤其是 90 后，他们是看着电视、玩着计算机、摸着手机长大的，他们每天接触的都是画面，对这种从杂乱信息中选择重点的阅读方式轻车熟路，这是他们与生俱来的习惯——在小时候大脑发育时，他们的阅读方式已经促使大脑发育时建立了相应的记忆回路，这些记忆回路让这种习惯根植于大脑之中。这是"快"的火种。这种与生俱来的习惯在人们无意识之中自然地带入他们的生活，在生活中他们的选择、判断和决策也变快了。

在数字世界里，这些从小就看数字视频的"数字土著"长期适应视频画面转换的刺激后，慢的、低频的、单一的刺激无法唤起他们大脑的注意力，也无法产生兴奋度；他们养成了快、高频、一心多用的习惯。

人类的大脑比我们想象的还要快，在适应了电视节目的快速切换之后，数字刺激的轰炸教会大脑更快地做出反应，"数字土著"的大脑已经感觉电视太缓慢了，过剩的处理能力怎么办？"数字土著"的做法是：一边看电视，一边使用 iPad 上网，同时还用旁边放着的手机时不时地与朋友聊天。

同时做多件事情，再加上网页类的多媒体在视觉和听觉上的不断刺激下，人类的大脑会产生更多的多巴胺，这让人类的渴望即刻得到了满足。这不是偶然现象，也不是个体现象。即时的满足让"数字土著"失去了耐性，我要！现在就要！

"数字土著"已经成为社会的主流消费人群，不管"数字移民"和"数字难民"是否理解，社会的主流舞台已经展现在他们面前。

媒介吹燃"快"的火焰：信息加速增长

数字化科技的发展在"数字土著"的大脑中点燃了"快"的火种，同时也造就了媒介信息的大膨胀，媒介吹燃了"快"的火焰。

UGC 就是"快"的火焰之一。UGC 是互联网术语，全称为 User Generated Content，也就是用户生成内容的意思。UGC 是伴随着以提倡个性化为主要特点的 Web 2.0 概念兴起的。它的一个特点是信息可以即时和连续不断产生。

自从媒体社会化之后，信息的来源越来越多，信息的传播也越来越容易。首先，手机采集信息越来越方便了，人们用手机摄像头捕捉身边的景物，也可以用手机录音的方式采集别人的言谈信息；其次，信息的来源变多了，无论性别、地域、贫富，来自社会上不同层次的人都能够发出声音，让我们全面地认知世界；最后，信息的内容变广了，即使对于同一件事情，不同的人可以从不同角度发出不同的声音，让我们立体地感知世界。

现在的媒介，可以通过 Web 1.0、Web 2.0 等方式快速积累大量的信息。当今时代信息量呈几何级增长。信息量增长的速度甚至超过人们理解的速度，并像泛滥的河水一样冲击人们的大脑。在人类发展史上，人们的大脑从来没有像今天这样需要处理如此众多的信息。

据英国学者詹姆斯·马丁统计，从 19 世纪后半叶到 20 世纪前半叶，人类知识的倍增周期为 10 年左右，而到了 20 世纪 70 年代，这个周期逐渐缩短到 5 年左右，20 世纪 80 年代末甚至达到每 3 年就翻一倍的情况。

最近几年，每天全世界发表的论文达 13 000 ~ 14 000 篇，每年登记的新专利达 70 万项，每年出版的图书达 50 多万种。新概念、新技术、新材料、新模式源源不断地出现，将知识翻倍周期缩短。据统计，《纽约时报》一周的信息量相当于 17 世纪学者毕生所能接触到的信息量的总和。近 30 年来，人类生产的信息已超出过去 5000年信息生产的总和！

以前传统的固有的分析效率和生活节奏已经跟不上信息更新的速度，甚至影响人们的决策效率。

要想更好地应对信息泛滥、信息危害、信息疾病，人们就必须加快生活节奏，提高速度，甚至要一心多用。久而久之就养成以快为基准的生活节奏，形成一个快时代、快生活的世界。

同时，信息的传播更快了！微信、微博、QQ、门户网站，瞬间就能将一个新闻事件引爆，引起全民关注。就如本书中篇提到的，微信、微博通过即时转发等形式可以使原来的 1 对 N 的传播变为 N^2 的传递效率。

媒介内容的多和传播技术的快，互为因果，奏响了我们时代的快的旋律。

无论你是否愿意接受，快时代都已来临。坐在时代的高速列车内，任凭风在耳边掠过，我们往往身不由己。但我们谁都不想被它抛弃。

第二节　快时代的表象

速度加快

你早上出门的时候，天还不太亮，空气中还有黑夜清凉的味道，东方只有些微红的霞光。你看见大街上已经行人匆匆，每个人都大步流星，甚至还有人小跑起来。你也不禁加快速度，上班时间快要到了，还有许多任务没有完成。你必须加快速度，否则可能会迟到，可能完不成计划。你来到公司，其他同事已经开始忙碌，你不得不加快节奏，以免拉下进度。

快时代最显而易见的是速度快了，但其背后，是因为信息传递的速度加快了。现在移动互联网高速发展，人类信息传播进入一个崭新的阶段。

互联网在发布信息方面有着天生的优越性，主要表现在以下几个方面：

第一，网络传播省略了传统媒体的印刷、制作、运输、发行等中间环节，发布的信息能在很短的时间内传递给受众，并且网络传播的内容可以随时随地刷新，时效性超过传统媒体。

第二，网络的交互能力强，网站可以利用一些社区、BBS、QQ、微信公众账号和大家交流。另外，全民都可以发布消息。你可能做了件好事，旁边的路人就随机拍下来并传到网上了。

即时通信也为信息的快速传播推波助澜。即时通信是快时代的特征之一。很多人使用 QQ 或者微信聊天，这种沟通方式没有格式，没有标题，没有称呼，传递的信息内容很短，可以多次交互，信息中常有错别字，但在前后语境下可以看懂。这就是即时通信的普遍性，就是要快速交互。现在许多人每隔几分钟就会看一下手机，不管有没有消息到达提示。这就是即时通信成瘾的表现。

第三，开放性强，网络传播面对的受众比较广。现在信息传递速度快，你今天做了什么事，通过互联网扩散出去，明天可能连美国人都知道有这么回事了。金正恩有段时间没有出现在公众视野，地球人都知道了。

加速的信息传递背后体现的是人类日益提升的即时沟通需求。

腾讯手机 QQ 浏览器的广告词是："我不耐烦，我要的现在就要。"第一眼看到这条广告有一种不屑的感觉，这与浏览器产品有什么关系？但当坐下来，仔细分析"数字土著"的特征时，才发现这句广告词真正把这个时代人的需求直接阐述出来，这句广告词绝对经典。

手机 QQ 浏览器学生篇

手机 QQ 浏览器白领篇

手机 QQ 浏览器艺术家篇

闪婚、微博、贩卖机、微电影、速食、宅急送、动车……近年来出现在网络上的这些热词，看似毫不相干却拥有一个共同的特质——快！

伴随着急速网络时代成长起来的年轻一代，他们是渴求成功、不愿等待、不肯等的一代年轻人的代表。他们无心阅读长篇大论的文章，看一段长视频，最不能忍受的就是浏览网页时的请耐心等待……这些看似是"数字土著"的通病，但确实也是出于无奈被速度喂养长大的。当现代社会庞大的竞争压力遇上网络速食文化，这刺激着年轻人追求一种快速致富、快速成名、快速生活的态度，但这些求快的信仰也饱受批评，认为他们沉不住气、鲁莽、善变、不耐烦……

然而"快"节奏也铸成了他们希望掌握最新世界的性格和心底"追求梦想，立即行动"的渴望。基于这样的洞察，QQ 浏览器推出最新 Campaign，其中包含四支 TVC 和相应的平面稿，新一代浏览器主打快简阅，以新的 X5 内核彰显新一代人的个性。它将目标人群锁定为 18～29 岁的"数字土著"年轻一代，那些喜欢追赶潮流的尝鲜族、爱现族。TVC 中极富紧迫感的节奏想要迫不及待地告诉所有人——"我不耐烦，我要的现在就要"。

在 TVC 中，文案部分绝对是重头戏。"能快则快，废话不说，费事不做，费时不候"、"梦想哪来时间打盹"、"我忙着急，急着成长，急着尝试，急着证明"。看似陌生的面孔却是身边普通人的代表，他们道出了年轻一代人的心声，有点"懒"的个性，却张扬不羁。用 85 后畅快的独白表达 QQ 新一代浏览器所带来的畅快浏览体验。

独白之外，"抖脚"、"按笔"、"咬指甲"等类似的动作也均是人们在着急与不耐烦的情境中下意识的感情流露，这对于依赖网络环境表达自我，追求流行文化的 85后来说，所使用的手机浏览器也必须满足"我不耐烦，我要的现在就要"这样的要求。

年轻的"数字土著"一代是市场新生的主流消费群体，这也正是 QQ 浏览器的主要目标人群。年轻的定位，个性张扬的独白，给人印象深刻却也有些似曾相识。从别克昂科拉 198xCampaign，到福特翼博"一九八几重要吗"，主打年轻的概念也让我们看到了一个日渐庞大并极富个性的消费群体正在成为主流。

——引自"广告门"网站《QQ 浏览器：我不耐烦，我要的现在就要》

我在腾讯工作了三年，在年轻人这种"快文化"的影响下，潜移默化中现在做什么事都有了这种念头——我要的现在就要！这也许是已经成功"移民"到数字世界的表现之一吧！

"数字土著"快的特点影响着他们对产品的选择，如理财产品。

以前我们买利率 5% 的银行理财产品，1 万元年底有 500 块钱到账，当阿里巴巴推出支付宝、腾讯推出财付通的时候，情形就不一样了。周围的"数字土著"同事们天天看着手机喜笑颜开："哇，今天又进来了钱，有一毛六分钱！"这种天天都能看到的即时到账的一毛六分钱所带来的满足感，绝对比年底拿到 500 块钱还要强烈，还要有价值。

市场竞争的结果，一定会使各银行的各种类似理财宝之类的产品与腾讯等互联网公司的理财产品的利率相差无几，但是银行必败，因为他们完全不懂"数字土著"的即时满足需求。腾讯做理财的钱是即时到账——当天到账（T 加零），银行之前是第二天到账（T 加 1）、隔天到账（T 加 2）。

传统行业的产品必须跟得上"数字土著"需求转变的步伐！

频率增高

频率高是"快时代"的另一种典型表现。

第一，频率高体现在应用软件快速更新上。

手机系统的更新迭代及各种应用程序的推送时间越来越短，频率越来越高。只要打开计算机马上就有消息提示几个软件需要更新。以前一个手机应用软件最起码用几个月，现在用上几周就不错了，有的软件一周更新一次。

"刚升级了新版本，还没过几天，怎么又提示要升级！"这已成为许多手机用户普遍性的疑问。

用户的需求不断增加，需要不断更新，这只是原因之一；也有人指出，应用软件高频更新迭代很可能是一些软件厂商有意为之，主要就是保持软件的曝光度、关注率，刷存在感。手机应用和 PC 软件有很大不同，手机应用软件的排名先后及曝光多少对下载量影响很大。应用软件的快速迭代能够保持软件的鲜活度和曝光率，刺激用户下载，增加次数，从而使软件本身在各大应用平台上拥有一个比较好的推荐位置，吸引新增用户下载。

正是"数字土著"的高频率需求，才让应用软件厂商为抓住用户的眼球进行高频度的软件发布。

第二，频率高体现在年轻人频繁参加各种局上。

有位同事对我说，他的小儿子一到星期天就忙个不停，上午和同学打篮球，下午去 KTV 唱歌，晚上还要参加朋友的生日聚会，来回不停地奔波于各种局中，还乐此不疲，连做作业的时间都没有，现在年轻人的节奏让人很不理解。

但是，正如我们在中篇中描述的那样，人们一直在赶场，赶完这个场再赶另外一个场，生怕错过任何一个场，这个场上担心错过那个场，我们一直在看手机！舍近求远的心态让人们赶赴了所有的场，也错过了所有的场！

我们无法用好坏、对错来评论"数字土著"，只能说"数字土著"与现实世界的"数字移民"有所不同……

一心多用

一心多用是"快时代"的又一种表现。

"数字土著"大脑中"快"的火种，让他们接收信息的处理能力过剩，他们无法长时间集中注意力，他们用同时处理多件事来解决这个问题。面对多件事情的时间表、繁冗泛滥的信息，大脑受到比以往更大的挑战，只有马不停蹄才可以完成多个任务。任何一件事情完成，大脑都会给自己一个奖励——多巴胺，大脑对此乐此不疲。

于是"数字土著"表现出：无法在一件事上长时间专注，喜欢同时做多件事情。

2006 年，《洛杉矶时报》的彭博做了一项调查，他发放并收到 1650 名青少年志愿人员的答卷，询问做作业时是否在忙着其他事情，结果大多数青少年同时在忙着其他事情，其中 84% 的人会在学习时听音乐，47% 的人会看电视。为什么超过了 100%？因为有 21% 的人做作业的同时听着音乐、看着电视甚至还干其他事情。

与互联网技术一样，"数字土著"从处于线性计算的 CPU 升级为同时并行计算的 GPU，他们具有一心多用的能力。我们身边的人在工作或学习时一心多用的案例有很多。

例如：在课堂上，讲师很难用传统的讲授方式抓住"数字土著"的注意力。只要讲授的内容稍微吸引力不够，他们就会转向关注手机屏幕；甚至即使内容很好，只要手机一有消息提示音，他们就会不自觉地去刷屏。

大家都有上网的经验吧！你会打开多少个窗口？

在工作中，常常看到"数字土著"打开十几个 RTX 窗口，再打开几个 QQ 窗口，同时还打开多个网页，偶尔还要看一下手机，微信上还挂着几个聊天呢！"对不起！发错群了！"这是经常发生的事情，几十个窗口同时在聊，一直不出错，也真不容易啊！

一些"数字土著"在看电视的时候，拿着遥控器不断地换频道，并不是他们觉得节目不好看，或者怕错过任何频道的节目，其实是他们养成了一心多用的习惯，觉得电视的节奏太慢。

还有一种人，看报纸时必定拿着手机刷微博，你问他今天报纸讲什么，他回答："不知道，看微博呢！"假如你改天再问他：微博上都有什么？他就会回答："不知道，看报纸呢！"

美国神经科学家加雷·斯默警告说，在性格形成时期总是"一心多用"的孩子会失去发展那些成长缓慢但至关重要的社交能力。因为随着大脑神经系统能力的下降，维系人际关系和社会交往的能力将变得很糟糕，我们会误解甚至无法理解那些微妙的、非言语的信息。同时干几件事情会引起大脑中的化学变化，导致应激激素指标长期增加，会使我们更倾向好斗而冲动，同时增加患心血管疾病的风险。

"数字土著"从小养成快的习惯，他们在这个方面相对于"数字移民"升级了！这种升级是以牺牲注意力为代价的。虽然很多"数字移民"和"数字难民"指责他们有点得不偿失，但这种互换式的升级，到底是利还是弊，今天还无法下结论。

———————◦ 第十一章 ◦———————

媒介更新空间感：从科层时代到扁平时代

美国经济趋势基金会主席杰里米·里夫金在其《第三次工业革命》一书中说：

当今世界正在实现由集中型第二次工业革命向扁平式第三次工业革命的转变。第三次工业革命标志着以合作、社会网络和行业专一、技术劳动力为特征的新时代的开始。在接下来的半个世纪，第一次、第二次工业革命时期传统的、集中式的经营活动将逐渐被第三次工业革命的分散经营方式取代；传统的、等级化的经济和政治权力将让位于以社会节点组织的扁平化权力。

以蒸汽机为基础的第一次工业革命和以燃烧化石为基础的第二次工业革命，建立了此后西方200多年的管理规则，亚当·斯密把它总结为分工理论。分工理论详细论述了小作坊如何变成现代企业，该理论是西方社会管理理论的基石。基于分工理论，组织理论之父马克斯·韦伯提出了科层制，这就是西方国家延续至今的管理体制。

分工理论把杂乱无序的世界条理化、模块化，把复杂的事情简单化，这种思想让人专注于一个小小的领域，使得人类的生产力产生前所未有的突破。生产力急剧提升，再经过流程化的整合之后，创造了人类史上辉煌的工业时代。

但在移动互联网时代，工业社会时期的最佳组织形式科层制和分工理论已显现出了它们的弊端。

第一节　科层制优势在新时代的滑落

笔者是分工理论及其基础上建立的科层制淬炼出来的典范。外企公司11年的工作训练在我身上留下了深深的烙印，我所形成的习惯是分工理论和科层制的一个缩影。

第一，工作与生活分离。

在朝九晚五的工作区间中，我已经习惯于不处理生活上的事情，全部精力都集中在工作上，它让我更专注，效率更高；下班之后，我也不再想工作的事情，完全屏蔽与工作相关的信息，全身心地享受生活。这是一种文化，外企中的人基本都是这样执行的。当然，难免有特殊的情况，如果在工作时间之外，需要给同事打关于工作的电话，大家的第一句话都是：对不起！打扰你的生活了。这种工作与生活的分离关系简单且目的明确。

第二，人与事分离。

西方管理学中常说的一句名言：对事不对人。这句话说起来容易，做起来很难，它实质上要做到人与事分离。西方社会在很多法律规定里都有对人的尊严的保护，如果有人对你进行语言上的人身攻击，你可告他。这种保护的文化渗透到整个社会，长期发生影响，不管你内心是否认可，它表现出来的形式上一定是对事不对人。它的另一面是对人的尊重，只有内心充满了对人的尊重，才会理解到事情的发生会有很多因素，每个人都在往好的方向发展。什么人都会犯错误，这与你是什么人无关，你做的事就由你来承担事情的后果。这形成了人们更加理性的思维。

在第九章中提到的"十几年练成的本领——邮件沟通时看不出我的情绪"就是把人的情绪与事情分离的典型。

第三，产品功能分割化。

如果你在家中有做饭的经验，请问：你做饭时会用到几把刀？

一把，搞定一切？
二把，生与熟食分工？
三把，生与熟食分工，再加上一个砍刀处理大块冷冻食品？
……

工业时代的佼佼者莫过于德国。当你见识到德国的厨房刀具时，你就不难理解什么是产品功能分割化了！

在德国，切形状的刀具分工细化到让我们难以想象的程度：有切块的、切片的、切波浪的、切三角的、切圆的、挖洞的……这只是产品功能分割化的缩影，这种分工理论贯穿在西方整个社会体制中，从生产到管理、从技术到理论、从生活到政治……

这种思维让我们能够把一种事情分解成详细的层次，然后逐层攻破，这种能力使我们在制定问题解决方案时具有明显的优势。

第四，业务处理流程化。

独立的单点经过一系列的标准过程，完成一个产品、一个事件的加工处理，这就是流程。

SOP（Standard Operation Procedure，标准作业程序）、IOS9000（International Organization for Standardization，国际标准化组织），这是工业时代的热词。

西方管理学还帮助人们梳理出思考问题的流程，如：麦肯锡解决问题的"七步法"、PDCA质量管理流程——又称戴明环，Plan（计划）、Do（执行）、Check（检查）和Action（处理）。这种系统化的思考方式让我们能在一团乱麻的信息中快速找到一条主线，再进一步分步、分层细化（分工），形成一个有逻辑、目标清晰的解决方案，这是职场的核心竞争力之一。

分工理论是一种复杂问题简单化处理的方式，但这个世界太复杂了，简单分割并不能覆盖真实世界，只能抓重点，解决主要矛盾。随着生产力不断提升，我们今天的生活环境与人们的需求已经处在马斯洛需求理论的高层：尊重与自我实现需求，我们的物质极大地丰富，我们更加追求自我、个性。几百年前工业革命发起时的生活环境与人们的需求处在马斯洛需求理论的底层：生理需求和安全需求，人们急需解决生存的食品问题、环境的卫生问题、抵抗自然环境的安全问题，这与今天的需求有着天壤之别。

今天，人们越来越无法忍受分离，这种分离让我们只关注自己的事。如：工作条块分离，每个部门负责一个方面的职责，在部门中大家只对上级负责，即使是公司CEO，对普通员工也几乎没有影响力，因为普通员工的所有利益都来自直接上级；做到了"对事不对人"，剥离了情感之后，员工只是上级用来完成工作的工具，其作用与打印纸一样，只是功能不同而已。做不到"对事不对人"，就会见到某个管理者只用自己的人，利用职权排除异己，不管你有多优秀，你都没有机会。工作中，每个人只关注自己的 KPI，根本不真正关注别人所做的事情，每个人都想表现自己，结果是：每个人都完成了 KPI，但公司却在走下坡路。

在分工理论下的分离产生了各种各样的"沟"，跨部门沟通、合作越来越难，所有人都知道，但每个人都没有办法，这是一个时代下的文化，不是个人能解决的，大家都知难而退。笔者就经常体会到：一个产品中的问题解决起来通常都会超过半年，甚至根本没有解决问题的时间表。

分工让每个人都很专业，但专业是以统一标准为代价的，这在工业时代绝对是优势，但在今天的社会中，人们在追求个性、独特、创新，这种专业性看上去更机械，被框架束缚住了，优势变成了劣势。

而笔者从外企到腾讯工作的转变过程也可视为从科层时代向扁平时代的转型。

第二节　扁平时代的两个铺垫

工业时代发展到今天已经极其成熟，它的优势已充分发挥，弊端越发显现。信息时代的到来，人们只是把它当成一次技术革命，没想到扁平化从技术开始影响力越来越大，如今开始动摇了科层制的根基，扁平化让我们看到了社会发展的又一次浪潮。

技术发展的扁平化

20 世纪 90 年代，互联网的 IP 技术越来越成熟，进入到 21 世纪，互联网在全球的使用率越来越高，它的思想和管理方式也开始影响全世界。

第一个扁平化的案例：网络结构。

我们来看一下移动通信网络和计算机网络的网络结构，以此对比分工理念与扁平理念的不同。

移动通信网络的信息传递方式是一种典型的分工理念。

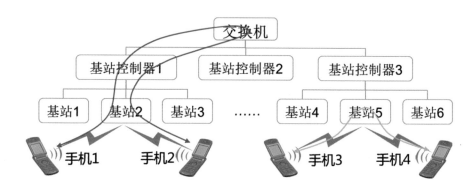

解决方案 1：在基站 2 管理下的两部手机：手机 1 与手机 2，它们的通信路径如上图所示，即手机 1 —基站 2 —基站控制器 1 —交换机—基站控制器 1 —基站 2 —手机 2。

有人会想：在这个案例中，看上去流程很冗长，基站控制器 1 与交换机之间的往来流程是多余的。

解决方案 2：路径应该改成类拟上图中右边的路径，手机 3 与手机 4 通信时采用"手机 3 —基站 5 —手机 4"的路径，这样路径看上去最短。

这两种解决方案的区别是：分工理念。

解决方案 1：采用的是分工机制，每个话务流程都用相同的处理流程，单一功能单元无法完成一次通话功能。对于计算机来说，这样的工作效率最高。计算机最擅长做简单选择、重复性的大量工作。

解决方案 2：在这个情景下逻辑上最优，但这需要基站具有基站控制器与交换机的功能才能完成。如果实现这种解决方案，基站的复杂度和成本都会增加，而且在执行过程中，基站需要对每一次话务申请做一次判断：如果是本基站下的通信用一种流程；如果是跨基站的通信用另一种流程。如果这样做了，从系统的角度看，系统的效率没有增加反而下降了。

解决方案 1 完整地体现了分工理念，各种设备各有分工，通过层次化管理方式，进行标准流程的工作。

计算机网络的信息传递方式是一种典型的扁平理念。

计算机网络是通过包交换来实现通信的。计算机发生的 IP 包是智能的，它知道自己要去哪里，但是 IP 包不知道路怎么走，而"交警"（即路由器）会给 IP 包指路，帮助 IP 包到达目标地址。

情景 1：计算机 1 与计算机 4 进行通信，它们通信的路径如下图所示，即计算机 1 —路由器 2 —路由器 3 —路由器 4 —计算机 4。

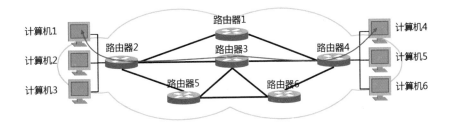

情景 2：计算机 1 与计算机 3 进行通信，它们通信的路径如下图所示，即计算机 1 —路由器 2 —计算机 3。

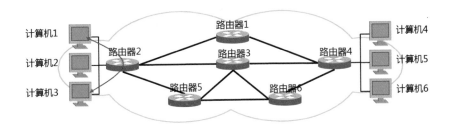

在计算机网络中，所有路由器是平等的，信息走哪一条路由路由器选择，路由器会选择最优的下一站，对于信息来说，所有的路由器之间的关系是扁平的，没有从属和管理关系。

今天，基于计算机网络的扁平化技术应用越来越多。这种从分工时代的树状结构向扁平时代的网络结构的变换越来越多。

第二个扁平化的案例：目录与标签。

在计算机上，管理文件的方式是目录。下图是某计算机上的层次化的目录结构。

其中有一篇文章，最初把它分到 A 目录里，但两天以后发现无从找起，不知不觉就去 B 目录里找。可这篇文章不可能同时出现在两个目录里，这就是分工时代的树状目录无法解决的一个问题。

可是这种事到了扁平时代，互联网就能解决了，方法就是使用标签。

比如：一篇文章可以贴多个标签，这就解决了一个文档可以分在多个类别中的问题。

笔者也开始使用标签，当建立起几十个、上百个标签时又遇到了问题，标签建多了，标签之间没有层次化，没有逻辑，很难找到需要的标签。我一直在按照以前分层的思路工作，总想在那些标签之间建立一定的逻辑。这是我的问题，这在"数字土著"的眼中小菜一碟。他们根本不去想之前放在哪个目录，直接点击搜索，几秒钟就找到了。

这就是分工时代的层次化思维和网络时代的扁平化思维的不同，技术上的扁平化也是一种去中心化。

媒介传播的扁平化

在第四章中我们提到：在互联网时代，每个普通人都不再只是信息的接收者，每个都可以作为一个社会化的"新"媒体。专业的媒体人数量有限，当突发事件时，专业媒体记者很可能不在现场，但现场一定有可以传播信息的人。智能手机让普通人成为信息的源头。各种层次的人员加入，各种视角的加入，丰富的信息来源不断地加入数字世界的媒介洪流之中。

在第六章中我们提到：微信朋友圈的一键转功能让信息很轻松地从 1 个人传递到 N 个人，微信的用户很活跃，这 N 个人中又把这个信息传递到他们的朋友圈中，N 个人中的每一个都成为传播中心，经过多度转发传播，信息传递最有可能实现 N^2 的传递效率，并且你不知道这个 N 有多大，说不定是微信的 4.38 亿用户。

在这种信息的传播中，我们无法说谁是信息的中心，信息在微信朋友圈中的传播方式是典型的扁平化。

媒介传播的扁平化让我们接收到信息的时间差越来越短。对于一些新闻事件就更不用说了，一些突发性事件在几秒内就能传遍全球。整个社会的信息传播趋向于扁平化。

第三节 扁平时代的表象

人际关系扁平化

当技术和媒介变得扁平化以后，人际关系也在扁平化。

微信群、QQ 群和微信朋友圈中的成员，其实不管是总裁也好，总经理也好，总监也好，还是组长也好，在群里面所有人的地位一下子就变平了，这是人际关系扁平化的浅层表现。

在企业中，每天的午餐就是员工互相交流的机会，大家不分职位高低、不分部门，可以很随和、自由地沟通，这是人际关系扁平化的另一种表现。

在第九章中我们提到：从熟人社会变成陌生人社会，我们越来越独立，认识的人越来越多，但真正了解的人却越来越少。人与人之间的关系变得越来越平，这是人际关系扁平化的深层表现。

组织结构扁平化

关于组织结构，西方管理学要求：企业员工到 CEO 的汇报层级不能超过五级，否则管理会出现问题。在互联网企业中，小米公司的组织架构只有三层：创始人加合伙人、核心主管、一般员工。这种扁平化的组织方式无疑是非常灵活的，传统的科层制确实不适合互联网快速沟通、快速反应的业务需求和管理需求。

在腾讯公司看到的是：员工到 CEO 的汇报层级最短六级，还有更长的。这已超过西方管理学中所说的五级，理论上信息沟通一定会出问题。可事实不是如此，腾讯有 2 万多员工，不划分出这么多的层次，根本无法管理这么多员工。所以在管理时按照这样的层次化，但在进行业务沟通时，把业务人员拉到同一微信群中交流，这样的群跨越了级别的限制，CEO 可以直接与员工对话，这种扁平式的沟通解决了信息对称问题，复杂的组织层次在业务沟通中被事实上打破了，这是另一种方式的扁平化。

更大的扁平化发生在社会产业链条上。在第八章中我们提到：让企业可以更便捷地获得用户的信息，直接接触用户。

在第九章中我们提到：中国经济得到发展，社会基础越来越好，企业越来越成熟，竞争越来越激烈，企业想方设法降低成本，优化服务流程。移动互联网的发展让企业接触用户的成本越来越低，企业跨越了中间环节直接接触用户，之前的中间环节都被扁平化掉了。

当关系链越压越扁的时候，中间不提供服务的环节全都被打掉了。只要中介服务只是提供简单服务，就会被直接打掉。去中心化和去中介化是扁平化的另外一种描述。想象一下，小米公司组织结构的扁平化会为有效沟通带来多少便利？便利之后就是利润。对于这一点，Etsy[⊖]已经在用事实说话。

扁平化的对等结构和数字世界中几乎不存在的交易成本使得手工产品可以在价格上与大规模生产竞争。尽管仍处于初创阶段，但 Etsy 的成长十分迅速。在 2009 年上半年，全球性经济危机的阵痛尚未平复，传统日用品的销售仍处于瓶颈，Etsy 的销售额却增至 7000 万元，有近百万的新卖家和买家加入其中。2010 年，Etsy 的销售额达到了 3.5 亿美元[⊖]。

未来的社会一定还会出现一些层次，但是绝对不会像以前有那么多层次，世界将更加扁平。

相比科层制的缺点，扁平化制度的最大优势就是企业更贴近用户，分离在减少，各种"沟"在减少，我们将把分离的社会向整体方向整合。

思考和学习扁平化

在第九章中我们曾提到：电视画面每个镜头的平均时间是 3.5 秒，看电视的人无法拥有足够的时间引入思考区域进行参与。而且视频声光与画面的刺激强化了视觉功能区永久回路的建立，相应地却抑制了思考区域的进一步发育。受抑制的大脑思考区域直接影响着人们的思考能力，表现为思考问题的深度不够，也可以说思考能力也扁

⊖ Etsy 是一个网络商店平台，以 Etsy 手工艺品买卖为主要特色，曾被《纽约时报》拿来与 eBay、Amazon 和"祖母的地下室收藏"比较。

⊖ 杰里米·里夫金，《第三次工业革命》，中信出版社，2012 年 6 月，第 122 页。

平化了。美国科技作家尼古拉斯·卡尔曾经在《大西洋月刊》上发表文章，提出这样的问题："谷歌把我们变傻了吗？"他认为，我们这个时代正面临这样一个问题：在尽情享受互联网慷慨施舍的过程中，我们正在牺牲深度阅读和深度思考的能力。在他后来写作的《浅薄》一书中，他告诫人们：所有的信息技术都会带来一种智能伦理。互联网鼓励我们蜻蜓点水般地从多种信息来源中广泛采集碎片化的信息，其伦理规范就是工业主义，这是一套速度至上、效率至上的伦理，也是一套产量最大化、消费最大化的伦理——互联网正在按照自己的面目改造我们，我们正在丧失的却是专注能力、沉思能力和反省能力。

在第七章中我们提到：大数据时代，我们更关注的是相关关系，而不再是因果关系，这正是思考扁平化的另一证明。对因果关系的探求难度远高于相关关系，只关注相关关系，不深入探求因果关系，那么我们的思维方式就会变得越来越平面化，思考问题也就欠缺了深度。

确实，现在是速度至上的"快"时代，"数字土著"们做事速度快、选择快、分析问题快、决策快，他们的另一面就是思考问题变浅了。在互联网行业中，我们周围的一些同事每天快速地处理各种各样的事，事情多得让他们经常加班，他们真的很努力，但是工作的效果并没有像他们投入的精力那么高，思考的扁平化让他们只看到事情的表面，却一直没能解决问题的根源；或者解决了这个事情，问题又以另一种形态表现出来，忙来忙去实质上并没有解决问题。常有管理者抱怨：现在的员工，你让他做一他就做一，让他做二就做二，多一点他都想不到。

扁平化思考就是"数字土著"的特点，他们已经无法听进说教式的传统教育，什么样的教育方式更适合他们呢？在这方面，有人提出了扁平化学习的概念。

扁平化重新定义了学习的本质。知识不再是客观独立的，而是我们对共享经历的解释。寻找真相就是懂得万事万物是如何联系起来的，通过与他人深入互动，我们才能发现这些联系。我们的经历和相互关系越多元化，我们就越容易理解现实，越容易理解我们每个人是如何融入整个大背景的⊖。

扁平化学习在国外很盛行，尤其是商学院的 **MBA** 教学。在美国的沃顿商学院和

⊖　杰里米·里夫金，《第三次工业革命》，中信出版社，2012 年 6 月，第 258 页。

哈佛商学院，有一大部分教室是 Group Study Room（小组学习室），这是专供小组学习讨论的扁平化学习场所。

毫无疑问，利用互联网技术，进行扁平化学习并不是难事。而扁平化学习不仅能节省时间，而且能得出较为准确实用的结论。比较典型的一个扁平化学习的场所是知乎网。它是一个问答社区，汇聚了很多有各项知识和技能的人来分享经验与知识，成为一个交流、学习的好地方。

第十二章

媒介更新目标感：从奋斗时代到娱乐时代

2014 年 8 月 21 日，憨豆先生罗温·艾金森首次造访中国，在上海和广场舞大妈就着《倍儿爽》的音乐大跳"饿货拳"舞。虽然广场舞大妈们被憨豆先生深深吸引，但在 66 后心中最难忘的喜剧明星仍是喜剧大师卓别林，他经典的造型和动作为无数人带去了欢乐。曾经，一台黑白电视机里因为有了卓别林而让整个时代的人们充满欢笑。

罗温·艾金森和卓别林以及所有喜剧大师的成就，既有技术更新的促成，也有媒介传播的助力，最终实现了人文的变化，从艰苦奋斗到娱乐轻松。这些喜剧大师的诞生，以及当今娱乐产业的兴盛，也正好说明了人们对娱乐的需求，同时告诉人们娱乐时代的到来。

我喜欢的一句座右铭：努力不见得成功，放弃一定失败！这句话激励我不断努力、不轻言放弃。

有几个"数字土著"看了这句话竟然说：既然努力不见得成功，那你还努力干什么？我当时内心的表情就像"😲"（惊讶）这个表情一样，不知道该说什么。

66 后的娱乐基因明显不如 90 后，他们渴望快乐，也希望生命可以轻松化、娱乐化，但已经被奋斗时代刻下了深深的烙印。

《活法》是日本企业家稻盛和夫的代表作，被誉为日本 21 世纪励志第一书。稻盛和夫是京瓷和 KDDI 这两家世界 500 强企业的创始人，被誉为"日本经营四圣"之一。

读完《活法》，一种强烈的共鸣发自心中，两个字：奋斗！

我的价值观是：当到八九十岁时，回想这一生，没什么可后悔的。我一直在努力，在积极做最好的自己，只要努力了，就没有什么可后悔的。

娱乐时代的先锋队和主力军以 79 后和 90 后为主。在他们为主角的历史舞台上，一切的目标方向都是他们的父辈所无法理解和体会的，归根结底就一个字：变！

经过几十年的奋斗时代之后，中国社会进入了物资充裕的时代。新一代的孩子在出生的时候就已经衣食无忧，他们不需要奋斗即可保证生存，即可获得尊重。这时候，他们的需求直接到达了自我实现的层次，他们要张扬自我，要寻求挑战，他们也在奋斗，为了快乐和刺激而奋斗。娱乐成为新一代的生活主题。随着新一代逐渐成长为时代的主干，整个社会的发展也从"奋斗时代"更新到"娱乐时代"。

第一节 娱乐时代的两大驱动力

我的一个同事总是感叹孩子鲁莽冲动，而且怎么教都改不了。一天，我们几个同事一起在他家聚餐，正好他儿子带两名同学回家玩耍。我们便把三个 95 后的小男孩叫到餐桌上一起吃饭聊天。令我们震惊的是：同事家的儿子一直在搞游戏揭秘，他指出腾讯几款游戏的不足之处和改进方法，让在座的所有人都自叹不如。因为我们从事的不是软件就是硬件，但却被一个高中刚毕业的学生戳中软肋。

其实不难理解，同事的儿子几乎是玩着游戏长大的，他身边的同学也是如此，相互之间除了较量谁更高明外，也会沟通游戏孰优孰劣。其中自然不乏抱着"开发新游戏"目标的同学。所以他们是最实用的消费者，也是最有爆发力的开发者，他们在亲身实践后更加清楚游戏市场是怎么样的，该怎么改进。当然，值得庆幸的是，他们属于学中求玩的人，而不是玩而不学。他们才是掌握未来话语权的人！

90 后的"数字土著"已经生活在娱乐时代，79 后紧随其后，而 66 后的"数字移民"在这个变换的年代会怎么样呢？墨守成规，还是"老夫聊发少年狂"？不管怎么说，包容和理解首先是必要的。

那么这个娱乐时代是怎么形成的呢？

技术驱动力

技术革命催发产业革命，是根本改变这个世界经济状况的重要引擎。正如前面内容中提到的，中国改革开放 30 多年积累的丰富物质基础奠定了感性时代的基础，物质的丰富也一样导致娱乐时代的产生。

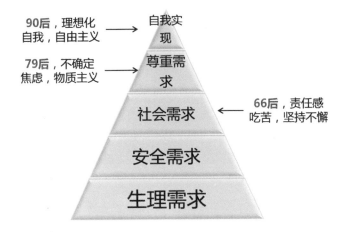

从马斯洛的需求层次理论来看，66 后每天挂在嘴边和印在心里的还是责任感、吃苦、坚持不懈。66 后辛苦半辈子都在想怎么改变生活，要为家人的幸福坚持不懈。66 后的行为方式就是《活法》中稻盛和夫援引佛家"六波罗蜜"阐述人生的真谛。

所谓"六波罗蜜"，是指在佛道中，为了一点点接近醒悟的境界必须进行的菩萨道。即为了磨炼心智、提高灵魂不可缺少的修行。主要有以下六项：

（1）布施，即牺牲自我普济众生的意思。即使做不到这一点，也要有这样善良的心。

（2）持戒，控制自己的言行。

（3）精进，全心全意应对任何事情，也就是努力。

（4）忍辱，不屈服苦难、忍受苦难。

（5）禅定，有必要每日至少静心一次，宁静地凝视自我，集中精神，安定摇荡迷乱的心。

（6）智慧，通过以上布施、持戒、精进、忍辱、禅定五个修养的努力，就可以达到宇宙的"智慧"，即参悟的境界。

六波罗蜜的六个修养就是指达到参悟的修行之道。其中在我们的生活中最容易实践，而且作为提高心智的途径，最根本、最重要的是"精进"——不惜努力拼命地工作[一]。

[一] 稻盛和夫，《活法》第 2 版，东方出版社，2010 年 10 月，第 143 页。此处为节选。

　　上述内容，字里行间无不是奋斗的艰辛和付出。事实也确实如此，66 后总想着打拼，闲不下来，一直在努力工作，觉得工作中的乐趣比享乐的乐趣更好。

　　79 后与 90 后这批"数字土著"生长的环境与 66 后"数字移民"明显不同，他们处于马斯洛需求理论的高层，关注更多的是精神需求，尤其是 90 后处于"自我实现"层次，他们的父母——奋斗的一代 66 后——为他们打下了坚实的物质基础，留给他们的就是享受生活、追求自我，他们更关注过程体验，而结果并没有那么重要，这也是感性时代的特点。90 后会参与事物创新的过程，用不一样的方式享受人生、体验生命。

　　科技的发展提供了娱乐化的媒介基础。电视和游戏都是数字化社会的重要产物，它们都以快速和绚烂的声、光、电技术吸引着年轻一代，快速传递信息、即时满足需求是这种技术的特征。这也深刻地影响了这一代人的思维方式和生活习惯。

媒介驱动力

　　近几年，网上很多人怀念一些经典的影视剧，比如《西游记》、《新白娘子传奇》等，认为现在的影视剧大都"天雷滚滚"，不忍直视。然而，很多"雷剧"在饱受吐槽的同时获得了很高的收视率。究其原因，我们会发现，这些一边挨骂一遍热播的剧大都充满话题，人们一边收看，一边对其中的明星或者桥段发表自己的意见。观众从单纯地观看剧目变成参与其中，虽然剧目不好看，但是大家都在吐槽中获得了娱乐。

　　电视剧越来越娱乐的同时，大荧幕也向娱乐化发展，翻看一下中国电影票房排行可以发现，排名靠前的大都是娱乐性更强的电影，比如排名前三的国产电影（截止到 2014 年 10 月 30 日）:《人再囧途之泰囧》、《西游降魔篇》以及《心花路放》，无一不是喜剧片。相比于其他题材的电影，喜剧片更能带给人们快乐的感觉，娱乐性更强。

　　除了影视剧，电视节目中娱乐节目的比重也越来越大。在江苏卫视的《非诚勿扰》节目火爆之后，其他电视台的各种相亲节目纷纷推出；湖南卫视的《超级女声》和《快乐男声》节目火爆之后，选秀类节目的热潮就一直没有停过；《爸爸去哪儿》火爆之后，真人秀节目也越来越多……

娱乐节目越来越多，甚至惊动了广电总局：

2011 年 7 月，广电总局专门召开了"关于防止部分广播电视节目过度娱乐化座谈会"，会上专门邀请各大卫视的相关负责人参与讨论关于限娱令的意见。2011 年 10 月下旬，广电总局"限娱令"正式下发。2013 年 10 月 20 日，广电总局又向各大卫视下文，规定每家卫视每年新引进版权模式节目不得超一个，卫视歌唱类节目黄金档最多保留 4 档，这个文件被媒体称为"加强版限娱令"。

当然，"限娱令"不是简单地遏制娱乐节目的发展，而是为了更好地规范各大卫视的娱乐节目，提倡创新。但是无论如何，"限娱令"的颁发表明，我们的电视媒介已经越来越娱乐化了。

无论是更加倾向于娱乐的影视剧，还是娱乐内容越来越多的电视节目，都从侧面反映出，现代媒介传达给人们的内容更多的是娱乐，这样的现象也加速推动我们从奋斗时代向娱乐时代发展。

第二节　娱乐时代的表象

娱乐一词，本义是快乐有趣。但在很多年前，如果有人天天想着娱乐，那就是不上进、庸俗的思想作风。在那个时代，娱乐是被妖魔化的。时过境迁，现在娱乐成了时代的象征，成了人们再正常不过的必需品。

当前，你发表一篇上乘的教育类文章很可能被同时期一篇明星出轨的报道所淹没；一个年度经济人物可能不如一个傍大款的小三出名。为什么呢？因为娱乐化。

很多媒体往往顺着用户需求做娱乐化的事情。这里有一个问题，互联网所做的事情到底应该是顺人性还是逆人性？如果逆人性做，就是只做教育，可大家未必都愿意。如果顺人性做，那就是娱乐市场的扩大。目前，整个形势是，企业越来越体贴人性，直接导致的结果就是，企业逼着自己把价值观放到一边做娱乐。娱乐化已是大势所趋。

工作娱乐化

刚加入腾讯公司时，感觉公司里员工天天都在充满娱乐的氛围中工作，不是因为没人工作，而是大家把所有的工作当成娱乐来玩。

在腾讯参加培训和在外企完全不一样，在腾讯说教式的培训中，如果课程中没有互动，台下的人早跑了，那些年轻的员工没有耐心集中注意力去听。他们的右脑从小就受到大量刺激，使得年青一代大脑后边处理视频的区域功能发展得更强，而大脑前边的系统化思考领域功能变得更弱，系统化思考领域会让人有延迟满足感的反应。直接导致他们不想思考，只想即时满足和娱乐。

还是腾讯那句宣传语：我不耐烦，我要的现在就要！ 90 后的年轻一代要的是即时满足感。但令人担忧的是，年轻人娱乐追求的是快乐，但是快乐并不代表幸福，快乐之后依然有一些痛苦。

当然，90 后真的很给力，是改变世界的主力军。他们爱玩游戏，大脑比我们发育快；他们逻辑分析受到的框架约束小，思路更加活跃；他们的创意远远超乎前辈的想象。我觉得 90 后会有更好的发展，他们的娱乐化工作绝不是荒废事业。跟这些年轻人一起工作，你绝对不寂寞，他们没有界限的思维会不断地给你带来新奇。

第一次参加腾讯的培训时，老师提了一个问题：用一东西比喻管理是什么？给 7 个小组 5 分钟时间讨论，然后分别上台分享他们自己的思考。首先让我吃惊的就是各小组的队名——三年过后不太记得了，只留下"超出我想象"的印象；接下来让我吃惊的是每个组抢着上台发言，气氛之活跃令我吃惊；最大的感受来自各小组的回答。第一组上台讲管理是旗帜，然后从愿景、方向、规范、节奏、沟通 5 个角度进行解释，我心里想，接下来的小组有麻烦了，第一组似乎把标准答案讲出来了，其他小组该怎么办啊？没想到第二组上来讲的观点是管理是梳子，然后从规范制度、融入其中、引导带领、结果是流畅/目标导向四个角度进行了解释，与第一组完全不同的思路。我心里为后面的 5 个小组捏了把汗，结果他们分别从汽车、牧羊犬、智能手机、围棋、积木的角度进行了解释，每个组都有道理，并且一个比一个好玩，讲述间充满了欢笑。

当时的感觉就是：与他们相比，我的思想简直就像被关在笼子里，完全没有创新。

今天，互联网企业早已熟练地掌握了这套管理方法，在企业的管理中越来越注重轻松娱乐的文化环境。

　　首先，企业会创造宽松的工作环境和文化环境。腾讯的员工不打卡，还有免费的晚餐，免费的班车等；Google 员工不打卡，还可以带狗上班；IBM 则允许部分员工在家里办公。下图为腾讯的工作环境。

其次，善用工会加俱乐部。企业会根据员工的不同爱好组织各种俱乐部，目的也是娱乐。如腾讯的羽毛球、游泳、足球、篮球、网球、健跑等各种体育娱乐俱乐部。

另外，一些企业会在工作之外开展集体出游等活动，工作时间内也会设置一些娱乐环节，加上一些奖励制度和措施，目的都是为了让工作轻松化，让娱乐和工作充分结合。如腾讯的桌上足球、台球、乒乓球、健身房（还带浴室）、咖啡厅……

现在，我们更加需要重新审视工作的含义，而不仅仅是重新培训劳动技能。将来社会的各种竞争需要更多的创新能力和高效率。如果工作娱乐化可以带来更高的效率和业绩，何乐而不为呢！

教育、学习娱乐化

早在 1969 年，《芝麻街》⊖就以新型的电视节目面世，而且，放映后很受孩子和家长的喜欢。

孩子们喜欢这个节目，因为他们是在电视广告中长大的，他们知道广告是电视上最精心制作的娱乐节目。对于那些还没有上学或者刚刚上学的孩子来说，通过一系列广告进行学习的念头并不奇怪。他们认为电视理所应当起到娱乐的作用。父母喜欢《芝麻街》有几个原因，其中一个原因是这个节目减少了他们因为不能或不愿限制孩子看电视而产生的负罪感。同时，《芝麻街》还减轻了他们教学龄前儿童阅读的责任。在《芝麻街》里，可爱的木偶、耀眼的明星、朗朗上口的曲调，无疑都能带给孩子们很多乐趣，并为他们将来融入一个热爱娱乐的文化做好充分的准备⊜。

《第三次工业革命》有这样的设想：在校园里安装太阳能设施，让学生开始熟悉第三次工业革命的新技术，给学生创造自己动手的学习环境，让他们获取在新兴的绿色经济体中所需要的技能。在过去 10 年里，学校都安装了计算机并接入了互联网，这样学生们就可以发布信息，并与数字世界里的其他人一同分享⊜。

当学生的求学环境跟移动互联网产生关系后，我们就可以说，学习娱乐化了。

⊖　《芝麻街》是以布偶大鸟等为主要角色，不加任何广告，高居全美收视之冠的儿童节目。
⊜　尼尔·波兹曼，《娱乐至死》，广西师范大学出版社，2004 年 5 月，第 185-186 页。
⊜　杰里米·里夫金，《第三次工业革命》，中信出版社，2012 年 6 月，第 244 页。

走在大街上，随处可见 7 ~ 20 岁各个年龄段的学生，几乎人手一部手机或 Pad，他们在阅读书籍、查资料，或者听歌、看视频、玩游戏。

学习娱乐化有利也有弊，我们应该客观、全面地看待。优点是通过互联网接触音乐、视频、游戏能够激发孩子们的创造力，发挥潜能，而那些可能是父母们所看不到的。缺点也很明了，一些孩子难以合理分配时间、区分轻重，个别人沉迷网络而耽误学习。但天生我材必有用，我们也看到很多软件发明家恰恰是游戏所成就的。

现在，随着科技的发展、互联网的普及，出现了很多远程教育之类的教育方式。名牌大学教授的讲课，二三线城市的普通大众也能看到、听到。贫困山区的孩子也能接受城市化的先进教育。并且，远程教育当中会有娱乐互动，老师也会教山里的孩子如何制作手工艺品。换个角度，如果只是一味填鸭式说教、灌输，只会使教育没有实效，学习没有活力。以游戏心理和方式进行教育、学习，不仅能提高效率，还能激发创造力，开拓新思想。

这就是移动互联网时代的学习娱乐化和教育娱乐化。在娱乐中思考，在思考中娱乐就是最高境界。

生活娱乐化

现在很多电视节目，只要看一眼就知道在说假话。另外一些太肤浅，每天告诉你发生了什么事，却从来不分析背后的原因与道理。两者都不会给我们带来任何收益，现实意义不大。所以，如果我们只讲发生的现象不讲背后的逻辑，只能当成娱乐来解释。

电视这种形象艺术就是要抓住观众的眼球，它无法把思考的逻辑在电视机上展示出来。电视是一种视频技术，不是一项文字技术。文字的东西逼着你去思考，而视频的技术只会叫你得到短暂的满足感。不得不承认，我们看到各种各样的东西都在娱乐化。

即时的满足感，可能会导致抑制追求长期的幸福感。不过短期的快乐感无法持续，而且，一次短期的快乐产生的多巴胺消退之后，会带来大脑的失落。为了追求这样的感觉，会去赶下一个场。娱乐无时不在，娱乐无处不在。

被誉为低头族的一代，队伍可谓越来越庞大，尤其是一线、二线城市。在北京地铁里，尽管空间十分拥挤，时间也很短暂，可大家依然很悠闲地举着手机玩"2048"[一]；饭店等待就餐的几分钟，同样会看到很多人不停地用手指触摸着手机屏幕，"开心消消乐"好像真能让他们开心不少；业余时间就更不用说了，晚饭后或周末，很多年轻人都是宅在计算机前玩"天天酷跑"。大家现在的切身体会是，互联网游戏所带来的娱乐方式的变迁，让实时的、在线的、互动的娱乐方式成为可能，重新改写了统治世界数十年的游戏格局。

随着娱乐业和非娱乐业的分界线变得越来越模糊，文化话语的性质也改变了。大家不再关心如何担起各自领域内的职责，而是把更多的注意力转向了如何让自己变得更上镜。除了娱乐业没有其他行业[二]。

整个社会开始娱乐化，娱乐娱乐，娱乐至死。我加入腾讯后已融入了很多，现在唯一难过的还是娱乐关，可能我是个没有娱乐精神的人，还在适应娱乐化的角色。生活娱乐化之后，我再不改变，恐怕将被拍在沙滩上。

今天大家已经开始不愿意看文字。文字时代已经更换为读图时代、视频时代，这些变化的负面是让人越来越傻，因为看完了不思考。此外，扁平化似乎也贯穿到生活的方方面面，所有的职业能力是扁平的，而在形式扁平化的前提下，实质内容的提升有待加强。

人们的思考开始变得更肤浅，但是变化更快。就像腾讯一些年轻员工一样，话还没说完就开始行动，这个速度是传统行业无法比的。不过他们思考、理解问题的深度通常显得比较肤浅，所以战略布局能力在互联网公司会成为一种稀缺资源。

这就是我们所处的时代。科技的迅速发展改变了媒介延伸的方式，而媒介的传播效益和结果改变了人们的习惯。我们在无形中从理性变得感性，从缓慢变得快速，从科层制到扁平化，从奋斗到娱乐。人的习惯改变之后，商业模式将改变。

商业模式具体怎么变，变多少，有待继续思索。

[一] 一款当下比较流行的数字小游戏。
[二] 尼尔·波兹曼，《娱乐至死》，广西师范大学出版社，2004年5月，第128页。

科技与媒介更新，催生"自我"时代

在我的案头摆着一本最近一期的《腾讯》内刊，上面一篇文章的标题让我心神一振：《注意！95 后出没！》。在腾讯这样的中国甚至世界顶尖的互联网公司里工作，我们见证了一个最不起眼但也最影响深远的变化，那就是员工的年轻化——从 66 后到 79 后到 90 后。这意味着什么？意味着在腾讯这样的公司已经完成了员工的更新换代——"数字土著"已经占领了这个公司、这个国度、这个星球，他们已经完全取代了我这样大梦初醒的"数字移民"和更多还浑然不觉的"数字难民"。

从本章中我们看到，人文带来巨大的更新：从理性时代向感性时代，从慢时代到快时代，从科层时代到扁平时代，从奋斗时代到娱乐时代。

我们一再以 66 后和 90 后作对比，这是因为社会主流人群中他们的差异最大。在马斯洛需求理论中，79 后追寻的多是尊重自我，79 后没有 90 后开放、奔放。

所以，我们多以典型的 66 后和 90 后作比较，这两代正是时代变换下最具代表性的两代人。

腾讯 QQ 与易观合作的调查报告指出，相比于 70、80 后，90 后更愿意在社交媒体上发布自己的照片、状态；虽然身上也被贴上了诸多标签，但是他们更想通过自己来表达，只想"为自己代言"。

如果你拿出智能手机点一下谷歌地图或雅虎地图上的"LocateMe"（找到我），就会看到手机屏幕的中心出现一个点。此刻的那一点就是你！从现在开始，你就是起点，今后的路是数字世界跟着你走，而不是你跟在它后面。移动互联网时代，这个点所代表的是一个新的你，这个时代、这个世界永远以你为中心。

在移动互联网时代，只有两个人，一个是"你"，一个是"我"。"你"是世界的中心，而世界就是"我"！所以，"你"等于"我"！

"我"的概念不仅指你的新闻被个性化。它涉及所有被个性化的事物，从来自你计算机和手机的"一口大小"，到家庭与生活提供的"一份正餐"。想象你能够拿到一份可折叠的个性化数字报纸，而且每当你开启它时，它就出现与你相关的新闻——根据你的朋友读过的内容，你所居住的地方，以及其他的个人兴趣而定制。这幅情景离现在并不太远[一]。

不论是"一个新的你"，还是个性化，归结起来就是以"自我"为中心。世界是以自我为中心的世界，时代是以自我为中心的时代。

以下将从以"自我"为中心的原因和表象两大方面来释惑。

以"自我"为中心是社会发展的方向

今天的许多青少年痴迷于计算机和视频游戏，这很可能妨碍他们大脑额叶的发育，损害他们的社交和推理能力。如果年轻人继续在这种环境中成长，也许他们的大脑的神经通路永远无法愈合。在整个成年人阶段，他们的神经通路都会停留在这种水平上，表现出不成熟并以自我为中心[二]。

[一] 尼克·比尔顿，《翻转世界》，浙江人民出版社，2014 年 3 月第 1 版，第 232 页。
[二] 盖瑞·斯默尔、吉吉·沃根，《大脑革命》，中国人民大学出版社，2009 年 8 月，第 30 页。

这是形成以"自我"为中心的内在根源，是形成以"自我"为中心的源驱动力。

这样的源驱动力在他们的成长环境中又得到了放大。他们的这个成长环境是全世界独有的社会现象：在一个多子女的家庭环境中，个人本能地会有一种"争取关注"的倾向，个人对其他家庭成员的状态有所观察，对自己的行为举止有更多的觉察与控制，使自己更符合长辈所设定的标准。因此，传统大家庭的秩序更接近"前喻文化"，小孩和年轻人被更多的规矩所要求。计划生育造成的"421"家庭结构在 1985 年之后成为中国社会的绝对主流，孩子从出生开始就在其他家庭成员的高度关注中长大，原有伦理秩序被颠覆，他们就是独一无二的家庭中心。关注不再是一个稀缺的、需要争取的资源，而是迅速过剩。这样高关注度的环境所带来的自我中心主义本身就是他的自然生存状态。

伴随着他们成长的移动互联网时代再一次加剧了这种以"自我"为中心的心态。网络时代下的人们更加追逐自我个性展示，更加崇尚自我，自媒体、自平台、自宣传等等，似乎一切都是"自我"的。任何人都可以更加自我，更加充分地展示自己。在消费方面同样如此，商家为利益尽可能地激发客户的自我意识和自我欲望，让客户自己做出消费选择。

就像弗洛伊德所说，"我"有三个层次：本我、自我、超我。同理，"我"有三层需求：本我的生理需求、自我的心理需求、超我的精神需求。

在过去，受技术、物质条件限制，我们被长期挤压在本我的生理需求空间里。可是今天，技术的发展改变了大脑的发育，丰富的物质基础、成长过程中特殊的家庭环境，把我们从本我的生理需求空间中释放了出来，我们已进入自我的心理需求空间。它不是个别现象，不是偶然现象，是这个时代下的必然社会现象，社会发展的合力促成了以"自我"为中心的心态。

以"自我"为中心催生新的世界

有一则笑话，说美国人监控全球时发现了中国人的微信记录隐藏的秘密：晒美景、晒美食、晒自拍，这就是时下非常流行的随拍随传的"晒"生活。

网络为这些人起了一个名字：拍客一族。拍客一族的区分标准为：经常使用手机的拍照功能，喜欢上传照片与亲友分享，经常通过上传照片或视频来表达意见。

如进一步分析拍客的行为特征，可以发现两个特点：关注自我和娱乐至上。相对于时事新闻和突发事件，拍客一族对自我世界的关注高出对外部世界的关注[一]。

觉得自己是美丽的化身，是世界的聚焦点。所以，越自恋越自拍，越自拍越自恋。

既然自恋，那晒出去的图像当然是越美越好，完美的自我形象是神圣不可侵犯的。有了这样的需求，便有了自拍工具的市场，而且工具的自拍技术越来越好。

"数字土著"、"非主流"亚文化促使"视觉系"互联网迭代，催生照片美化、照片分享应用火爆。

"数字土著"文化属性（非主流、小清新、小资、森林系）群落代内演进伴随 QQ 秀、QQ 空间、9158、YY 等"视觉系"产品诞生；进一步催生照片美化、照片分享等移动互联网应用的迭代出现，如美图系列（美图秀秀、美颜相机、美拍、美陌等）、视觉社交（陌陌、友加、炼爱、Instagram、Nice）等产品。"数字土著"亚文化催生"视觉系"互联网[二]。

爱美之心，莫过于此。其实质，就是爱自己、对"自我"的崇拜。

自我关注、自拍是以"自我"为中心的一种表象。

每个人都以"自我"为中心的结果是：你也不服我，我也不服你，你只是你心中的中心，我是我心中的中心，这个世界因此变得扁平了。但我们生来又是社交性动物，我们无法面对孤独，社交需求又促使我们在社会上展示自我。我们要证明自己的"存在感"，在数字世界中，朋友圈就是典型刷存在感的表现；在现实社会中，我们依然在刷存在感，只不过方式是通过参与来实现，我参与我存在，我参与社会才有意义。

以"自我"为中心的心态催生着与以往不同的新世界。

[一] 黎万强，《参与感——小米口碑营销内部手册》，中信出版社，2014 年 8 月，第 196 页。
[二] 选自网络文章《从 80 后、90 后、00 后文化属性与代际演进看投资方向》，2014 年 8 月 29 日，商务法律智库。

现实世界与虚拟世界的平衡

科技延伸了媒介，媒介更新了人文，时代正在发生变换！这个时代就像 4700 多年前老子描述的世界："天地之间，其犹橐龠[⊖]乎？"（天地之间犹如一个充满气的大风箱。）无论是什么人、什么组织，都置身其中来回颤抖和振荡。剧烈的振荡与随之而来的失控感让每一位身处其间的组织和人，都产生了一种深深的焦虑感——不知风向哪边吹？不知我被吹向哪里？

⊖ 橐龠（tuó yuè）：充满气的口袋、风箱的意思。

定位：我在哪里

在变换的时代，我们每个人都需要重新找到自己的定位。这个新世界处于一个多维度的空间里，描述我们的位置参数变成了"时间"、"空间"、"位置"。不同时代的人对"时间"的感受不同，不管是慢还是快，不管是整块还是碎片，这些放在 100 年的时限中来看，时间自会检验出真理。不同时代的人对"空间"的理解不同，不管是科层制还是扁平化，不管是现实还是虚拟，这些都只是一个片面的角度，社会的多元化是人类发展的大趋势。不同时代的人对"位置"的感知不同，不管是大还是小，不管是真实还是虚拟，他们就是场景，不同场景下的服务之争才刚刚开始。

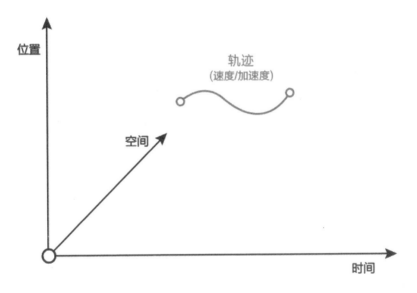

我们每个人的状态就是这个坐标系下的一个轨迹，以你自己的速度、加速度、节奏发展着。

趋势：我到哪里去

这个时代的变换如此之剧，超越了人类以往的经验，我们几乎都成了"摸象的盲人"。

　　大脑在数字化、人在数字化、社会在数字化，新的数字世界正在构建中，但数字世界与现实世界并不完全分离，它们相互渗透、相互重叠。我们无法预测未来，但是先人已经为我们指明了方向。

　　科技、物质、理性是现实世界的构成要件，它们一起帮我们构筑"智"的外貌；人文、精神、感性是虚拟世界的构成要件，它们一起帮我们构筑"心"的内观。拥有这种健全"心智"的人才会是一个平衡的人，只有他才能在时代巨浪中学会颤抖、达到律动并最终发出共鸣。

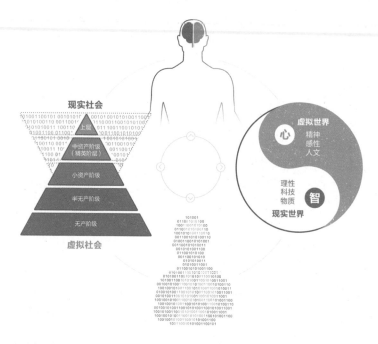

　　我们必须掌握这种现实世界与虚拟世界的平衡力。

　　当然，我们也看到《失控》的作者凯文·凯利等西方的大师对于社会的发展的细致描述，如分布式等九律来看待这个变化，而东方文明也从来都是创造者，如先人创造的《易经》、《黄帝内经》都是人类应对变化的智慧，我们更要认真地分辨是集中式的发展还是分布式的发展等各种对应关系，只有这样才会找到属于中国人、组织、政府应对变化的发展路径。

　　虚可盈怀！实必在握！

融合：我与我们的平衡

时代的变换让两个世界相互交织变得空前多元，数字组成的大数据把两个世界勾勒出来，但不论如何变化，未来一定是融合的。

基于当下社会各行各业都在被移动互联网浪潮改变着，在这个风口上人类社会的思想也在进行着深刻变革，对这种变化的认识必须如同基因一样融入人体的每个细胞中，才能够深刻理解。同时我们也看到，这次变革中无论个体中的人，还是组织中的企业和政府，都因为变化而交织在一起，构成了全新的形态画卷，作为时代的参与者，我们无疑都是幸运者。

纵观人类历史，任何新技术、新应用往往都是双刃剑，铁器、炸药、原子能等新技术、发明在帮助人类的同时也有摧毁人类的案例。同样，移动互联网所构筑的虚拟数字世界也是一把双刃剑，在提供了极大便利的同时，数据安全、人工智能等技术都成为对社会新的挑战，科幻小说家刘慈欣所著小说《三体》并不完全是骇人听闻。

我们要用发展的目光来看待此次移动互联网带来的革命，正如今天我们看农业革命、工业革命一样——不论人类文明带来的变化会有多少错误出现，放在历史的滚滚车轮中，这些仅仅是成本和代价而已，人类还在前行。

可以预见，在未来很有可能会继续发生这样或者那样的问题，需要每个人都密切保持关注并建立协同认识才能防止悲剧发生。

无论哪种变化，如何融合，我们都希望最终人类社会有最美好的未来——回归自然的本源，人与自然的和谐，国与国之间的和平，人与人之间的平和。

让我们一起努力，不断激荡更新，在动态中保持平衡，协调一致互动互生，让这个世界变成一个更加美好生动的大风箱！

鸣　谢

我们都是时代的幸运儿，生在变革的年代，不仅仅是见证者，也是参与者。讲述亲身经历，就是这本书的初衷，用我们的视角讲一下我们看到的和思考的，虽然有失偏颇，但是确实是真实的，如同盲人摸象，我们试图尽力描述完整，但一定不能做到全部，好在恰恰是移动互联网带给大家的迭代与参与让这本书的信息不断丰富完整，这是一本描述时代变换的书籍。

这本书出炉之前就有了明确的目标人群，就是除互联网从业人员之外的传统行业的企业家、政府工作人员，目的是让他们更加系统地理解中国信息化的演变进程，从而准确把握趋势、把握未来。

本书作者之一马斌大学毕业之后在松下、西门子各工作了三年，扮演设备供应商的角色。2004 年 8 月加入腾讯至今已超过十年，进入公司从腾讯移动端最早的核心业务手机 QQ 跟运营商的合作开始，经历了 SP 时代的高峰，看到了国际设备厂商的没落，见证了 Free WAP 时代的兴衰，赶上了移动互联网的春天，尝试了从搜索到地图 O2O 的探索，也在职业生涯中见证了这个时代变化的过程。

本书作者之一徐昊 2000 年 7 月加入摩托罗拉，参与了中国的移动网络基础的建设，看到了中国移动运营商的成长，也体验了 SP 时代的乱象，更见证了移动设备制造商的衰败；2011 年 5 月加入腾讯公司，用三年多的时间系统地了解、认知移动互联网的应用……对移动互联网产业链的各个部分都有所认知，有着全景式的视角，如移动网络（2G：GSM、CDMA，3G：CDMA2000-1X、UMTS/WiFi）、移动终端、应用技术（短信、彩信、WAP、IVR、流媒体等）以及移动应用（手机上的 APP）等。

相同的背景，类似的经历，让两个作者经常聚在一起探讨移动互联网行业成功的"秘密"。我们开始制作 PPT 并与外界积极交流：徐昊在腾讯内部与员工沟通和碰撞，马斌在社会上与企业家沟通和碰撞，历时 10 个多月，做过近 50 场讲座，听过这个思想内容的腾讯内部员工有 1000 多人，听过这个思想内容的企业家有 2000 多人。从北大讲公开课到全国各地为几千名企业家、政府内部做分享，以及腾讯内部员工的授课，得到了各方面的反馈和建议，成型的核心逻辑得到了大家的认可。

在我们两人之间、我们与外界之间的不断碰撞打磨过程中，原来的很多想法更加系统化，并得到极大提升。于是，我们产生了写一本书的冲动，当然，出版也是水到渠成的事情。正是共同的信念和付出一起催生了此书的出炉。

本书希望启发大家了解趋势、找到定位，虽然还不能明确告诉大家走哪一条路径，但希望能让大家找到哪一个方向是对的。找到了共同的方向，我们之间能产生更多的思想共鸣，更能用历史和未来的眼光来看待今天，这就足够了。

我们希望用感恩、包容、分享、结缘的心态，感谢所有人支持、包容我们的不足，分享我们的所得。

此书的完成，首先感谢的是腾讯人！

特别感谢腾讯地图平台部的卢海波，在本书的编写初期他在材料搜集方面付出了辛苦的努力。感谢腾讯地图平台部的卢青松、赵长冯，他们在业余时间做的图片对本书是非常好的补充。感谢腾讯无线研发部的田甜，她利用业余时间帮助本书做了一些达意的图片。

感谢腾讯学院院长马永武，当我们在是否写书的抉择上犹豫时，马院长对内容的认可和鼓励让我们树立了信心，做出了写书的决定。感谢腾讯移动互联网事业群的人力资源总监刘亚姗，她对我们的认可与肯定激发了我们不断探索的激情。感谢腾讯公关部的何华峰，他帮助审校了全部书稿。

更值得感谢的是腾讯公司周边每天来来回回的"数字土著"，是你们教育了我们，本书的很多启发和细节都来自于你们，在这个过程中，我们也变成了你们，我们一直是年轻人！

感谢腾讯，没有它就没有我们今天的成长，感谢我们的领导和同事，没有他们的帮助我们也不会进步。

而外界的诸多支持，也对此书的完成至关重要！

感谢全国青联、中央国家机关青联、中国青年企业家协会、中央金融青联、北京青联、北大校友会各级组织及负责人，在他们组织的多次活动中我们有机会与更多优秀的企业家朋友讨论、学习。

感谢正和岛刘东华先生、陈里女士、黄丽陆先生、王昆鹏先生搭建平台，让我们与这么多优秀企业家碰撞，收获成长。

感谢正略书院的赵民先生给予的支持。

感谢邱小玲老师、唐旻威老师给予我们非常多的中肯意见。

感谢北大光华管理学院冒大卫书记、张志学教授、李其教授、苏萌教授、江明华教授及各位老师对我们在管理上的指导。

感谢北大校友会秘书长李宇宁先生、副秘书长王健先生提供平台，让我们与北大的老师、企业家、校友交流。

感谢北大MBA校友会各位校友的支持与帮助，是他们促进我们的提升。

感谢华章公司周中华先生和杨福川先生，没有他们的大力支持不能顺利完成这本书的出版。

感谢松下、西门子的同事，是他们帮马斌完成成长的阶梯，开拓了国际视野。

感谢摩托罗拉，十几年的文化熏陶，让徐昊站在巨人的肩膀上成长，练成了今天的提炼和总结能力！

此书的完成，最值得感谢的是家人：

马斌的爱人苏雅，马斌的无数个加班夜不能回家让她独自承担照顾老人和孩子的责任而没有怨言，这是对马斌工作最大的理解和支持，更是前进的动力！

徐昊的爱人俊娜，本书的很多素材都来自她帮助收集的800多篇微信文章，她是名副其实的贤内助、微信助手！

铭记！感恩！祝福！

徐昊　马斌